深部煤矿高位水害防治技术：石拉乌素煤矿创新与实践

轩　涛　朱　敬　李召朋　刘　凯
仇　锐　吴嘉晖　万超凡　张欢江　著

中国矿业大学出版社
·徐州·

内 容 提 要

本书以石拉乌素煤矿工程地质条件为背景，详细论述了深部煤矿高位水害防治技术，主要内容包括：国内外研究现状综述，高位(离层)水害形成条件测试分析及量化评价，综采/综放开采工作面离层水害形成机理研究，高位离层水害预测评价、防治技术研究及应用，综放工作面离层水地面直通式导流孔方案设计及技术指导，$221_{\text{上}}08$ 工作面剩余段离层突水风险评价及涌水量预计。全书内容丰富、论述有据、图文并茂，实践性和实用性强。

本书可供采矿工程及相关专业的科研与工程技术人员参考。

图书在版编目(CIP)数据

深部煤矿高位水害防治技术 ：石拉乌素煤矿创新与实践 / 轩涛等著. — 徐州 ：中国矿业大学出版社，2025. 7. — ISBN 978-7-5646-6946-1

Ⅰ. TD745

中国国家版本馆 CIP 数据核字第 2025XU7913 号

书　　名　深部煤矿高位水害防治技术：石拉乌素煤矿创新与实践

主　　编　轩　涛　朱　敬　李召朋　刘　凯　仇　锐　吴嘉晖　万超凡　张欢江

责任编辑　王美柱

出版发行　中国矿业大学出版社有限责任公司

（江苏省徐州市解放南路　邮编 221008）

营销热线　(0516)83885370　83884103

出版服务　(0516)83995789　83884920

网　　址　http://www.cumtp.com　**E-mail**:cumtpvip@cumtp.com

印　　刷　苏州市古得堡数码印刷有限公司

开　　本　787 mm×1092 mm　1/16　**印张** 8.25　**字数** 211 千字

版次印次　2025 年 7 月第 1 版　2025 年 7 月第 1 次印刷

定　　价　48.00 元

（图书出现印装质量问题，本社负责调换）

前　言

随着我国煤炭工业进入高质量发展的新阶段，煤炭资源开发战略重心逐步向深部和西部转移。在这一转型过程中，煤矿开采面临的地质条件日趋复杂，其中，高位顶板水害问题尤为突出，已成为制约煤矿安全高效生产的瓶颈。特别是在鄂尔多斯盆地等煤层埋藏深、顶板含水层结构特殊的矿区，高位顶板水害的威胁更为严峻，不仅事故发生频率较高，而且造成的经济损失和社会影响也十分巨大。因此，深入研究高位顶板水害的形成机理，并开发有效的防治技术，对于保障我国能源安全，实现煤炭工业可持续发展具有重要的战略意义。

石拉乌素煤矿作为兖矿集团在鄂尔多斯盆地建设的大型现代化矿井，面临着复杂的水文地质条件。该矿井的突出特点是煤层顶板存在巨厚的白垩系含水层，且煤层与含水层之间的距离较小。这种地质结构使得采动影响下，顶板极易形成导水裂缝带，为高位顶板水提供了通道。此外，石拉乌素煤矿还存在“三硬”地质特征，即坚硬顶板、坚硬基岩和坚硬砂岩含水层。这种“三硬”特征导致采动裂隙的发育规律与传统矿区存在显著差异，常规的导水裂缝带高度预测模型误差较大，难以准确评估顶板水害风险。同时，白垩系含水层还具有非均质性强、垂向补给活跃的特点，这使得防治水工作面临更大的挑战。

为了应对上述挑战，本书充分考虑地质构造、岩层力学性质以及开采方式等多种因素对裂隙发育的影响，力求更准确地预测采动裂隙的分布规律。此外，还致力于研发高位定向钻孔精准布孔技术，提高钻孔的靶区定位精度和有效覆盖率，实现对含水层水的精准疏放。通过更准确地预测采动裂隙的发育规律，更有效地疏导顶板含水层水，可以最大限度地降低高位顶板水害的风险，为煤矿的安全生产提供坚实保障，也将为其他类似地质条件的矿区提供借鉴，推动我国深部开采水害防治技术的进步，对于保障我国西部亿吨级煤炭基地的安全生产具有重要意义。

本书系统地阐述了石拉乌素煤矿高位顶板水害的形成机理与防治技术，旨在为煤矿工程技术人员和相关研究人员提供参考。全书共分为 6 章，各章的主要内容如下：第 1 章首先介绍了石拉乌素煤矿的矿井概况、地层构造、水文地质特征。在此基础上，概述了离层水害调查的研究进展，并对国内外在顶板水害防治领域的技术研究现状进行了综述，包括覆岩破坏规律研究、顶板破裂监测技术、顶板含水层水害防治、涌水量预测等，为后续章节的研究奠定了基础。第 2 章深入分析了高位离层水害的形成条件，包括地质构造、岩层力学性质、采动影响等因素。并通过理论分析、试验研究和实践验证，论证了石拉乌素煤矿具备白垩系离层水害的孕灾条件。在此基础上，以 $221_{上}06A$ 工作面为例，对离层位置进行了判别和量化评价。研究成果为高位离层水害的预测和防治提供了理论依据。第 3 章重点研究了综采和综放开采条件下，工作面离层水害的形成机理，并提出了覆岩可积水离层的判别方法。结合 $221_{上}08$ 工作面和 $221_{上}01$ 工作面的实际情况，利用数值模拟等手段，对高位离层水害进行了深入研究。研究成果有助于更准确地识别和评估离层水害的风险。第 4 章针对高位离层水害,提出了基于改进突水系数法和多因素加权叠加法的预测评价方法;并研究了相应的防治技术,包括地面钻井疏放、井下定向钻孔疏放等。结合具体工作面,提出了有针对性的水害防治方案。研究成果为煤矿企业提供了实用的水害防治技术。第 5 章针对综放开采工作面的特点,详细阐述了离层水地面直通式导流孔的设计方案,并提供了技术指导。研究成果为综放开采工作面离层水害的防治提供了有效的工程手段。第 6 章以 $221_{上}08$ 工作面剩余段为例,对其离层突水风险进行了评估,并对涌水量进行了预测。研究成果为煤矿企业制订安全生产计划提供了参考。

本书的完成,凝聚了众多研究人员的智慧和汗水。感谢兖矿东华建设有限公司地矿建设分公司在导流孔施工方面作出的贡献。同时,对所有参与本书稿内容研究,以及提供支持和帮助的单位和个人表示衷心的感谢。感谢专家学者对本书有关研究工作的指导和帮助。

希望本书能够为煤矿工程技术人员和相关研究人员提供有益的参考,共同为我国煤炭工业的安全高效发展作出贡献。由于笔者水平所限,书中难免存在一些不足,恳请专家学者批评指正。

著　者

2025 年 6 月

目　录

1 绪　论

1.1 引　言

在我国煤炭资源开发逐步向深部及西部转移的背景下，国家发展改革委 2023 年数据显示，西部煤炭产量占比已从 2015 年的 42%提升至 58%，预计 2030 年深部开采矿井数量将突破 800 处。

在此进程中，鄂尔多斯盆地侏罗系煤田因煤层埋深大、顶板含水层结构复杂的特点，面临高位顶板水害威胁升级的严峻挑战。统计数据显示，近五年西北矿区发生的 17 起突水事故中，高位顶板水害占比达 63%，直接经济损失超 3.2 亿元。特别是 2021 年榆林地区某矿井发生的白垩系含水层突水事故，瞬时涌水量达 1 500 m^3/h，造成工作面全淹及 3.2 亿元设备损失，暴露出传统“探放水＋疏水降压”防治体系在深部开采条件下的局限性。

石拉乌素煤矿作为兖矿集团在鄂尔多斯盆地建设的首个千万吨级矿井，井田范围内白垩系洛河组含水层与煤层间距仅 30～80 m，在采动裂隙发育高度可达 120 m 的地质条件下，存在顶板水通过裂隙网络突入工作面的重大风险。该区域特有的“三硬”地质特征（坚硬顶板、坚硬基岩、坚硬砂岩含水层）导致采动裂隙发育呈现非对称性扩展，常规导水裂缝带高度预计模型误差率达 20%～35%。同时，白垩系含水层具有非均质性强、垂向补给活跃的特点，现有定向钻孔技术存在靶区定位精度不足（平面偏差＞8 m）、钻孔有效覆盖率＜60%等技术瓶颈。当前防治水技术正经历从“被动堵水”向“主动防控”的范式转变。中国煤炭工业协会发布的《智能矿山建设指南（2023）》要求，2025 年前实现水文地质动态感知系统覆盖率≥85%，突水预警响应时间缩短至 30 min 以内。

本研究立足《煤矿防治水细则》的技术升级要求，针对西部深部矿井特殊水文地质条件，通过构建“地质-开采”双因素耦合的裂隙发育预测模型，研发高位定向钻孔精准布孔技术，形成“立体探查-靶向疏放-动态调控”三位一体的防治体系。项目成果对保障我国西部亿吨级煤炭基地安全生产、突破深部开采水害防治技术瓶颈具有重要战略意义。

1.2 国内外研究现状

1.2.1 覆岩破坏规律研究

覆岩破坏规律的研究有近百年的历史，苏联、捷克、比利时、德国、中国等国家学者均进行了相应研究，研究对象主要包括：上覆岩层的移动、变形、破坏以及地表位移，覆岩破坏后岩层中的结构形式以及覆岩破坏带的划分等。由于计算机技术等的飞速发展，覆岩破坏规律的研究方法和实测手段进入了新的发展阶段,但由于覆岩破坏的复杂性以及现场实测条件的限制,至今仍未形成系统的理论。目前应用较广泛的理论或假说主要有以下几种:

1838 年,比利时工程师 Gonot 提出“垂线理论”,后来又在实测资料的基础上提出“法线理论”,认为采空区上下边界受开采的影响范围可以采用相应的层面法线来确定。1903 年,Halbaum 将采空区上方岩层视为悬臂梁,推导出地表应变与曲率半径成反比的结论。

1928 年,德国学者 W. Hack 和 C. G. Gillitzer 提出“压力拱”假说,该学说阐述了采场围岩卸荷的原因、探讨了围岩平衡状态及范围。1951 年,比利时学者拉巴斯提出预成裂隙假说,揭示了煤层及采场附近的部分岩层在支承压力作用下具有超前破坏的趋势及破坏的原因。

中国工程院院士刘天泉提出了覆岩破坏学说,认为煤层采动后覆岩分为“三带”,即垮落带、导水裂缝带和弯曲下沉带,奠定了顶板水害防治的基础。高延法提出岩移“四带”模型,即破裂带、离层带、弯曲带和松散冲积层带,进一步发展了顶板水害防治的内涵。中国工程院院士钱鸣高提出“砌体梁”理论。中国科学院院士宋振骐提出“传递岩梁”理论,提出了系统的顶板控制理论和技术。中国工程院院士钱鸣高提出“关键层”理论,定义对采场上覆岩层局部或直至地表的全部岩层活动起控制作用的岩层为关键层。随着对采场矿山压力的深入研究,采场薄板矿压理论等逐步被提出。

关于覆岩破坏规律的各种假说在一些基本问题上仍存在较大的分歧,而顶板水害防治的一个重要内容就是研究覆岩破坏规律、判断工作面回采对覆岩的破坏是否能够影响顶板含水层,因此,掌握工作面覆岩破坏规律对矿井防治水工作至关重要。

1.2.2 顶板破裂监测技术

采动顶板破裂监测技术一直是矿山岩石力学的研究热点,涌现出了众多顶板破坏的监测方法,如应用较早的是“钻孔冲洗液法”;还发展了多种探测手段,如井下仰孔双端封堵测漏法、高密度电阻率法、超声 CT 法、彩色钻孔电视探测法、微震监测法等。近年来微震监测技术取得了较大的进步。

于克君等(2010)对中国和澳大利亚的微震监测成果进行了深入的研究,认为微震监测是确定导水裂缝带高度及设计防水和防砂煤柱的一种可靠手段。汪华君(2011)在鲁西煤矿采用微震监测技术对导水裂缝带高度进行研究,监测得到导水裂缝带最大高度约为 25 m。张兴民等(2011)应用微震技术对山东兖州兴隆庄煤矿“两带”高度进行观测,认为导水裂缝带最大高度一般产生在微震事件分布密集区。丛森等(2012)应用井-地联合微震监测技术对微震事件的数量和空间分布特征与导水裂缝带发育高度的关系进行了研究,较为准确地测定了导水裂缝带的发育高度。实践证明,高精度微震监测技术是监测工作面围岩三维破裂的有效手段,能够连续、实时、动态观测岩体破坏的全过程,可以实现对顶底板裂隙发育的长期动态监测,具有较好的发展前景。

1.2.3 顶板含水层水害防治

目前普遍采用在工作面回采前向顶板含水层施工预疏放水钻孔的防治水措施,一方面可以避免水害的发生,另一方面可达到对工作面回采时涌水量“削峰平谷”的目的。杨建等通过对蒙陕接壤区某深埋煤层矿井首采工作面顶板疏放水过程中大气降水、含水层水位和水化学变化等方面的分析，研究白垩系志丹群含水层与 3-1 煤层顶板含水层之间的水力联系，结果显示工作面顶板水超前疏放后志丹群含水层水位与 3-1 煤层顶板含水层水位降幅不一致，且两者间的矿化度、水化学类型等差异明显，论证了 3-1 煤层顶板含水层水的可疏降性。张遵海针对告成煤矿 13151 工作面受顶板砂岩水影响，采取多种措施，采用疏、导、排等方法，有效地治理了顶板水，实现了工作面的安全回采。付文安等为了保障高庄煤矿 1501 工作面的安全开采，在工作面施工了两个探放水钻孔进行探测，保证了生产安全。张雁在对煤层顶板突水机理研究及突水影响因素分析的基础上，建立了煤层顶板突水监测预警的体系框架，提出预警系统分析过程分为监测、识别、诊断、评价四个环节。方俊等(2016)为解决常规钻孔疏放顶板水时存在的施工工期和疏放周期长的问题，在枣泉煤矿采用定向长钻孔及分支孔对顶板直罗组砂岩含水层和烧变岩水进行超前疏放，大大缩短了疏放水时间。

1.2.4 涌水量预测

由于数值方法较解析法适用范围广，1956 年，Stallman 首次将数值方法引入水文地质学中，从此数值法在顶板含水层涌水量预测方面逐步得到了应用。1959 年，Carslaw 和 Jaeger 在其著作中提出直接用于矿井涌水量求解的公式，成为矿井涌水量预测最早的解析计算方法；其后，Polubarinova 对上述涌水量预测方法进行了详细论述。1984 年，Singh 和 Atkins 以虚拟矿井涌水过程为研究对象，分别利用线性和非线性解析方程，求解了有限和无限含水层中稳定和非稳定流条件下地下水的渗流速度。2010 年，Christopher 和 Lorne 基于解析法和数值方法研发了一种新型矿井涌水量预测软件。达西定律以及基于地下水渗流运动基本微分方程推导的 Dupuit 公式和 Theis 井流公式仍是目前国际上矿井涌水规律和预测研究领域经典的理论依据。

国内涌水量预测方法的探索大致经历了稳定流、非稳定流、数值解和新方法四个阶段。目前，被普遍接受的涌水量预测方法大致分为两类：第一类为基于地下水渗流基本特征推导出来的数学和数值模型法，也称为确定性方法，包括水均衡法、解析法和数值法等；第二类是应用数理统计基本原理分析涌水规律而形成的方法，也称为不确定性方法，主要包括水文地质比拟法、涌水量降深曲线方程法、相关系数法、时间序列分析法以及人工神经网络法等。

煤层采动覆岩离层水涌突是近年来新出现的煤矿开采水害。自 2005 年 5 月 21 日淮北海孜煤矿发生国内第 1 例离层水害事故以来，中国矿业大学等开展离层水害致灾机理及防治技术研究，在离层水害形成条件及勘探评价方法、形成机理和防治技术等方面形成了较系统的理论认识和技术成果；但由于离层水形成条件的多样性、水源集聚的动态性、涌突机理的复杂性等，目前为止，关于离层水害的涌突机理及防治技术措施仍有待深入研究，水害隐患还未根治。

石拉乌素煤矿是兖矿能源(鄂尔多斯)有限公司所属的特大型矿井，与周边邻近矿井一样，试投产以来，面临严重的顶板水害隐患。特别是 221 盘区南翼特厚煤层综放开采首采面 $221_{上}06A$ 工作面开采 560 m 时，发生瞬时最大涌水量达 921.4 m^3/h 的离层水涌突，尽管采前预计到了离层水涌突且工作面排水能力有保障，但还是对安全生产构成了威胁，影响正常生产。

1.3 矿井概况

1.3.1 地层及构造

石拉乌素煤矿位于鄂尔多斯市境内，行政区划隶属鄂尔多斯市伊金霍洛旗札萨克镇管辖。井田基本上为一梯形，南北宽约 7.35 km，东西长平均约 9.40 km，面积约 69.11 km^2，井田内含煤地层为侏罗系中、下统延安组，全井田保有资源储量 23.6 亿 t，主要及次要可采煤层的稳定性如下：2-1 煤层为不稳定煤层，2-2$_{上}$、2-2$_{中}$、3-1、4-1、4-2$_{上}$、4-2$_{中}$、5-1、5-2 和 6-2 煤层为较稳定煤层。井田首采煤层为 2-2$_{上}$、2-2$_{中}$煤层。其中 2-2$_{上}$煤层厚度为 0.64～7.72 m，平均 5.46 m，可采厚度为 1.31～7.25 m，平均 5.18 m；2-2$_{中}$煤层是 2-2$_{上}$煤层的下分叉煤层，煤层厚度为 0～10.09 m，平均 3.92 m，可采厚度为 2.05～8.86 m，平均 4.08 m。井田北翼综采开采 2-2$_{上}$煤层；而在南翼，由于 2-2$_{上}$煤层与 2-2$_{中}$煤层距离较近，煤层间仅夹有 0.2～1.5 m 的泥岩或砂质泥岩，因此采用综放开采的方式将 2-2$_{上}$与 2-2$_{中}$煤层合并开采。图 1-1 为首采面地层剖面图（扫描图中二维码获取彩图，下同）。采区地质构造简单，首采面煤层埋深约 620 m，起伏变化较小，基本表现为平缓的单斜构造形态，未发现断层及裂隙带。

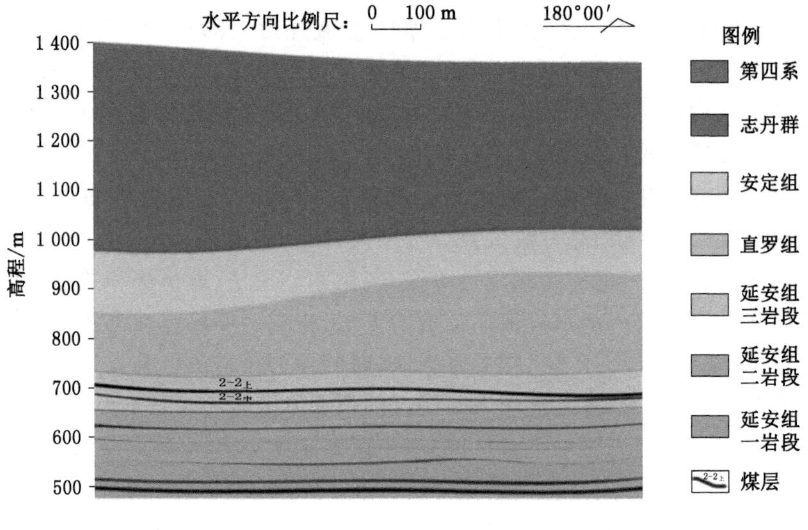

图 1-1　石拉乌素矿首采面地层剖面图

采区含水层从上到下主要包括：全新统风积砂层孔隙潜水含水层（Q_{4eol}）、上更新统萨拉乌苏组（Q_3s）孔隙潜水含水层、白垩系下统志丹群含水层、侏罗系中统含水层、侏罗系中下统延安组（$J_{1\text{-}2}y$）碎屑岩类承压水含水层、三叠系上统延长组（T_3y）碎屑岩类承压水含水层。侏罗系中下统延安组（$J_{1\text{-}2}y$）碎屑岩类承压水含水层岩性主要为浅灰色、灰白色各粒级砂岩，灰色、深灰色砂质泥岩、泥岩及煤层，富水性弱，透水性与导水性差，地下水的补给条件与径流条件均较差，为井田的直接充水含水层和主要充水含水层。石拉乌素矿地层表如表 1-1 所示。

表 1-1 石拉乌素矿地层表

系	统（群）	组	厚度（最小—最大）/m	岩性描述
第四系	全新统	Q_4	2.48～61.58	分为风积砂（Q_{4eol}）、湖积物（Q_{41}）两类。风积砂（Q_{4eol}）全区分布，主要由砂和亚砂土组成，平均厚度为 14.06 m；湖积物（Q_{41}）主要分布在湖盆及较大的积水凹地中，主要由淤泥、各种粒级的砂组成，厚度一般小于 3 m，与下伏地层呈不整合接触
白垩系	下统	志丹群 K_1zh	332～414	岩性组合为一套浅紫色、粉红色细砂岩与灰白色中细砂岩互层，岩石成分以石英、长石为主，分选性及磨圆度较差，泥质胶结，具大型槽状、板状斜层理。底部为黄绿色粗砂岩及灰黄绿色砾岩、砂砾岩，含砾粗砂岩互层，局部为火泥岩，具平行层理，泥质填隙和钙质胶结。平均厚度为 373 m，与下伏地层呈不整合接触
侏罗系	中统	安定组 J_2a	92～125	岩性主要为灰紫色、暗紫色泥岩，中夹灰绿色砂质泥岩、粉砂岩，呈互层出现。平均厚度为 108.5 m，与下伏直罗组（J_2z）呈整合接触
		直罗组 J_2z	125～197	岩性为灰绿色、青灰色中粗砂岩，含炭屑，中夹粉砂岩、砂质泥岩。平均厚度为 161 m，与下伏地层呈平行不整合接触
	中下统	延安组 $J_{1-2}y$	280.24～360.59	为井田内含煤地层，含 2、3、4、5、6 五个煤组，按其沉积旋回可分 3 个岩段。岩性组合下部为灰白色、灰色粗砂岩和含砾粗砂岩，主要成分为石英、长石，泥质填隙及高岭土质胶结。中部为浅灰色、灰色厚层状砂岩，薄层粉砂岩、泥质粉砂岩、泥岩。上部为灰白色高岭土质胶结的细砂岩、粉砂岩，局部相变为砂质泥岩和泥岩。平均厚度为 312.84 m，与下伏地层呈平行不整合接触
三叠系	上统	延长组 T_3y	100～312	为含煤地层沉积基底，岩性以灰绿色中、细砂岩为主，分选性较差，泥质填隙。厚度超过 100 m，发育大型板状、槽状交错层理，为典型的曲流河沉积体系

1.3.2 水文地质概况

（1）含、隔水层

石拉乌素矿井田含、隔水层划分详见表 1-2。另外，由于 2 煤组顶板以上的岩性主要由灰色泥岩、砂质泥岩等组成，所以通常也将侏罗系中下统延安组顶的泥岩-砂质泥岩带作为隔水层，其层厚分布不稳定，为 0～95.00 m，平均为 11.91 m，局部相变为砂岩，但该隔水层分布较为连续，隔水性能较好。同样地，由于 6 煤组底部的岩性以深灰色砂质泥岩为主，所以侏罗系中下统延安组底部的泥岩-砂质泥岩带也常被作为隔水层，其厚度为 0～27.25 m，平均为 5.80 m，分布较连续，局部相变为砂岩，隔水性能较好。

表 1-2　石拉乌素矿井田含、隔水层划分

系	统	组	类别	描　述
第四系	全新统	Q_4	含水层	全新统风积砂层孔隙潜水含水层（Q_{4eol}）：岩性为灰黄色、黄褐色中细砂、粉细砂，结构松散，沉积厚度一般小于 10 m，遍布全区。水位埋深为 0.50～3.00 m，单位涌水量 q=0.25～1.00 L/(s·m)，溶解性总固体＜1 000 mg/L，地下水化学类型为 HCO_3^--Ca^{2+}·Na^+。富水性中等，透水性能良好。 上更新统萨拉乌苏组孔隙潜水含水层（Q_3s）：岩性为黄色、灰黄色、灰绿色粉细砂、黄土状亚砂土，含钙质结核，疏松，具水平层理和斜层理，全区赋存。厚度为 40～60 m，水位埋深一般为 1.00～5.00 m，单位涌水量 q=1.00～5.00 L/(s·m)，溶解性总固体＜1 000 mg/L，地下水化学类型为 HCO_3^--Ca^{2+}·Na^+，水质良好。富水性强，透水性能良好。与大气降水及地表水体的水力联系非常密切，与下伏承压水含水层水存在水力联系
白垩系	下　统	志丹群（K_1zh）	含水层	岩性为各种粒级的砂岩、含砾粗粒砂岩夹砂质泥岩。据 K66、副井检查孔抽水试验成果：含水层厚度为 122.58～295.40 m，水位埋深为 7.57～12.65 m，单位涌水量 q=0.139～0.201 L/(s·m)，渗透系数 K=0.115 m/d，地下水化学类型为 HCO_3-Na^+。富水性中等，透水性能良好
侏罗系	中统	安定组（J_2a）	隔水层	层厚为 92～125 m，由紫红色、灰绿色中粗粒砂岩、砂质泥岩夹粉砂岩及细粒砂岩等组成，由于该层整体富水性弱，此处被当作隔水层
		直罗组（J_2z）	含水层	下部以中粗砂岩为主，上部以泥岩、砂质泥岩为主。据风检孔抽水试验成果：含水层厚度为 6.7 m，水位埋深为 62.23 m，单位涌水量 q=0.015 7 L/(s·m)，渗透系数 K=0.264 m/d，地下水化学类型为 CO_3^{2-}·HCO_3^--Na^+。整体富水性弱，但下部富水性强于上部
	中下统	延安组（$J_{1\text{-}2}y$）	含水层	为井田内含煤地层，岩性整体以细砂岩、粉砂岩、砂质泥岩为主。据风检孔抽水试验成果：$J_{1\text{-}2}y$ 顶至 $2\text{-}2_{上}$煤抽水层段，含水层厚度为 11.8 m，水位埋深为 68.05 m，单位涌水量 q=0.01 L/(s·m)，渗透系数 K=0.092 6 m/d，整体富水性弱
三叠系	上统	延长组（T_3y）	含水层	根据铜匠川详查区 617 号孔抽水试验成果：水位标高为 1 365.70 m，单位涌水量 q=0.004 67 L/(s·m)，渗透系数 K=0.005 86 m/d。富水性弱，透水性差，与上部含水层水力联系小

（2）地下水补、径、排条件

① 潜水

井田潜水主要赋存于第四系全新统风积砂层（Q_{4eol}）及第四系上更新统萨拉乌苏组（Q_3s）砂层中。井田内第四系广泛分布，潜水的主要补给来源为大气降水，其次为区域外同层潜水的侧向径流补给以及深部承压水的越流补给。

潜水的径流受地形控制，一般向南及西南方向径流，区内潜水由北向南流出区外。其排泄方式以径流排泄为主，人工开采疏排水、蒸发排泄等次之。

② 承压水

井田内承压水主要赋存于白垩系下统志丹群（K_1zh）、侏罗系中统安定组（J_2a）、侏罗系中统直罗组(J_2z)以及侏罗系中下统延安组($J_{1-2}y$)砂岩中，基岩在地表基本没有出露，因此承压水的主要补给来源为区域外同层承压水的侧向径流补给，上部潜水的垂直渗入补给次之。承压水与潜水在不同地段可形成互补关系，在地形较高处，当萨拉乌苏组潜水位高于志丹群承压水位时，萨拉乌苏组潜水补给志丹群承压水；反之，在地形低洼处，当志丹群承压水位高于萨拉乌苏组潜水位时，志丹群承压水补给萨拉乌苏组潜水。承压水一般沿地层走向径流，研究区内承压水一般沿南及南东方向流出区外。承压水以侧向径流排泄为主，人工打井抽采、地下采矿疏排次之。

井田直接充水含水层为延安组($J_{1-2}y$)承压水含水层，其顶部及底部隔水层的隔水性较好，因此，延安组承压水以侧向径流补给为主。延安组承压水水位标高为 1 229.90～1 287.11 m，而其上部侏罗系中统及白垩系下统志丹群承压水水位标高为 1 314.57～1 338.41 m，高于延安组承压水水位标高；在开采状态下，煤层导水裂缝带高度远大于延安组顶部隔水层厚度，因此，延安组承压水也接受上部侏罗系中统承压水补给，所以直罗组含水层也是井田的直接充水含水层。由于安定组隔水性有限，志丹群受到扰动后也可向下部含水层渗流补给，所以白垩系志丹群含水层是井田间接充水含水层。延安组承压水仍以侧向径流排泄为主，煤层开采过程中的矿坑排泄、人工疏排次之。

1.4 研究内容

1.4.1 离层水害调查

采场顶板离层水害具有瞬时涌水量大、突水征兆不明显、危害大等特点，且发生离层水害的矿区在全国各地均有分布。离层水害作为一种并非刚出现，但近些年来才开始被认识的水害类型，国内外对其研究并不多。在我国，南桐煤矿、海孜煤矿、济宁二号煤矿、红柳煤矿、打通一矿、北皂煤矿、玉华煤矿等多个矿井均发生了典型的离层水害。典型离层水害实例如表 1-3 所示。

表 1-3 典型离层水害实例

序号	时间	煤矿	工作面	最大涌水量/(m^3/h)	损失
1	2005-05-21	安徽淮北海孜煤矿	745	3 887	工作面、巷道被淹，5 人死亡
2	2006-07-15	重庆松藻打通一矿	S1818	432	工作面被水淹没
3	2007-10-06	山东济宁二号煤矿	11 采区 1105 工作面等	490	疏放首采面 1103 工作面离层水共计 86 万 m^3，推迟生产 2 个月
4	2008-12-02	重庆松藻打通一矿	S1821	650	工作面积水，部分设备、巷道被淹
5	2010-03-25	宁夏灵武红柳煤矿	1121	3 000	工作面停产
6	2012-01—2017-12	陕西彬长大佛寺煤矿	41103、41104、41109 等	500～600，多次	工作面停产

表 1-3(续)

序号	时间	煤矿	工作面	最大涌水量/(m^3/h)	损失
7	2013-03-02	陕西永陇崔木煤矿	21301	1 100,数次	工作面机尾、转排泵被淹
8	2015-01-30	安徽淮北朱仙庄煤矿	866-1	7 200	工作面停产,7 人死亡,7 人受伤
9	2016-04-25	陕西铜川照金煤矿	ZF202	30 000	工作面、巷道被淹,11 人死亡
10	2016-05-13	陕西永陇郭家河煤矿	1306	>1 000,数次	工作面停产、通风中断
11	2018-01-10	内蒙古鄂尔多斯石拉乌素煤矿	$221_{上}06A$	931	影响工作面生产

鄂尔多斯盆地北部的石拉乌素煤矿具有大采高(采高为 5～12 m)、大采深(采深为 500～700 m)的特点,且覆岩中存在巨厚白垩系洛河组中-粗砂岩(厚度为 200～400 m)含水层,洛河组底部为侏罗系安定组泥岩-砂质泥岩隔水层。纵向上,安定组泥岩与巨厚洛河组砂岩易形成“下软上硬”的岩层组合形式,这种特殊的岩层组合形式导致开采过程中洛河组底部容易形成离层空腔。由于洛河组含水层本身富水性中等,洛河组砂岩水渗漏、积聚在离层空腔内便形成洛河组离层水害隐患。根据开采工作面涌水量历时图以及志丹群水位长观孔水位变化情况可以判断(图 1-2),在石拉乌素煤矿已完成的开采案例中,也出现了洛河组离层水突水,离层水害问题不容回避。

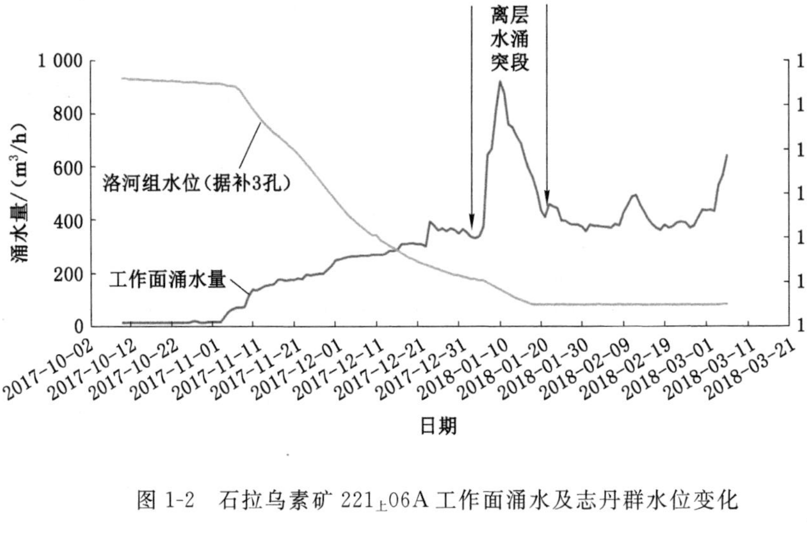

图 1-2　石拉乌素矿 $221_{上}06A$ 工作面涌水及志丹群水位变化

1.4.2　主要研究内容

① 提出石拉乌素矿区具备离层水害孕灾条件的理论依据、试验依据和实践依据,总结量化高位离层涌水形成、涌突相关条件。

② 对 $221_{上}01$ 和 $221_{上}08$ 工作面进行高位离层水害形成机理数值模拟、理论分析计算,用改进的突水系数法和多因素加权叠加法两种方法对离层突水风险进行预测评价,计算工

作面涌水量，基于评价结果对两个工作面分别提出水害防治方案。

③ 针对 $221_{上}08$ 工作面的离层水害隐患，设计并施工 3 个地面直通式导流孔，每个孔均设计为一孔多用（离层水导流，兼作离层动态发育钻孔电视成像监测、导高探查、最后留作志丹群水位长期监测孔）。根据钻进成果进行了导流效果评估、钻孔裂隙观测以及导水裂缝带高度预计。

2 高位(离层)水害形成条件测试分析及量化评价

2.1 离层水害形成条件

据采场覆岩的应力场分析结果可知，采场覆岩中的应力状态可分为三个阶段：

① 在工作面推进至某一位置之前，该点上覆岩层竖直方向为压应力，且随推进位置靠近，压应力逐渐增加。

② 当工作面推过该点时，该点上覆岩层中的竖向压应力减小，并随着工作面的继续推进逐渐由压应力状态向拉应力状态转变。此时，若岩层间的拉应力超过黏结强度，该处覆岩中将发育离层，且离层内呈负压状态，周边含水层将在水头压力的作用下不断对离层空间进行渗透补给；随着工作面的推进，离层发育长度及宽度增大，离层积水也逐渐增加，水压升高。

③ 当工作面推过一定距离时，覆岩在自重及上覆岩层载荷作用下下沉量增大，对下位岩层进行压密，覆岩中的离层量逐渐减小，局部趋于闭合；此时离层空间将为积水所充满，离层水水压升高，并最终与周边含水层水头趋于一致，而随上覆岩层的移动可保有一定动态的超静水压。

由此表明，在采场顶板离层水形成之后，由于离层上位岩层的下沉变形及周边含水层的补给，离层水将具有一定的水头压力。即离层水将对其下位岩层施加一定的载荷和静水压作用；如在加载和静水压的楔入或张拉作用下，离层下位完整岩层发育垂向裂隙丧失其原阻隔水性，将引发离层涌突水，如图 2-1 所示。

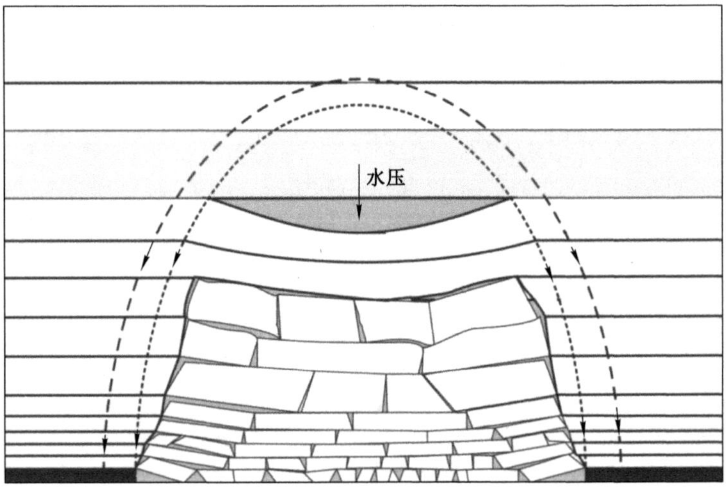

图 2-1　离层水害形成示意图

2.2 石拉乌素矿白垩系离层水害孕灾条件

2.2.1 理论依据

鄂尔多斯盆地内沉积了一套巨厚白垩纪地层，石拉乌素煤矿所在位置的白垩纪地层为白垩系志丹群洛河组，厚度为 320 m 左右(图 2-2)。

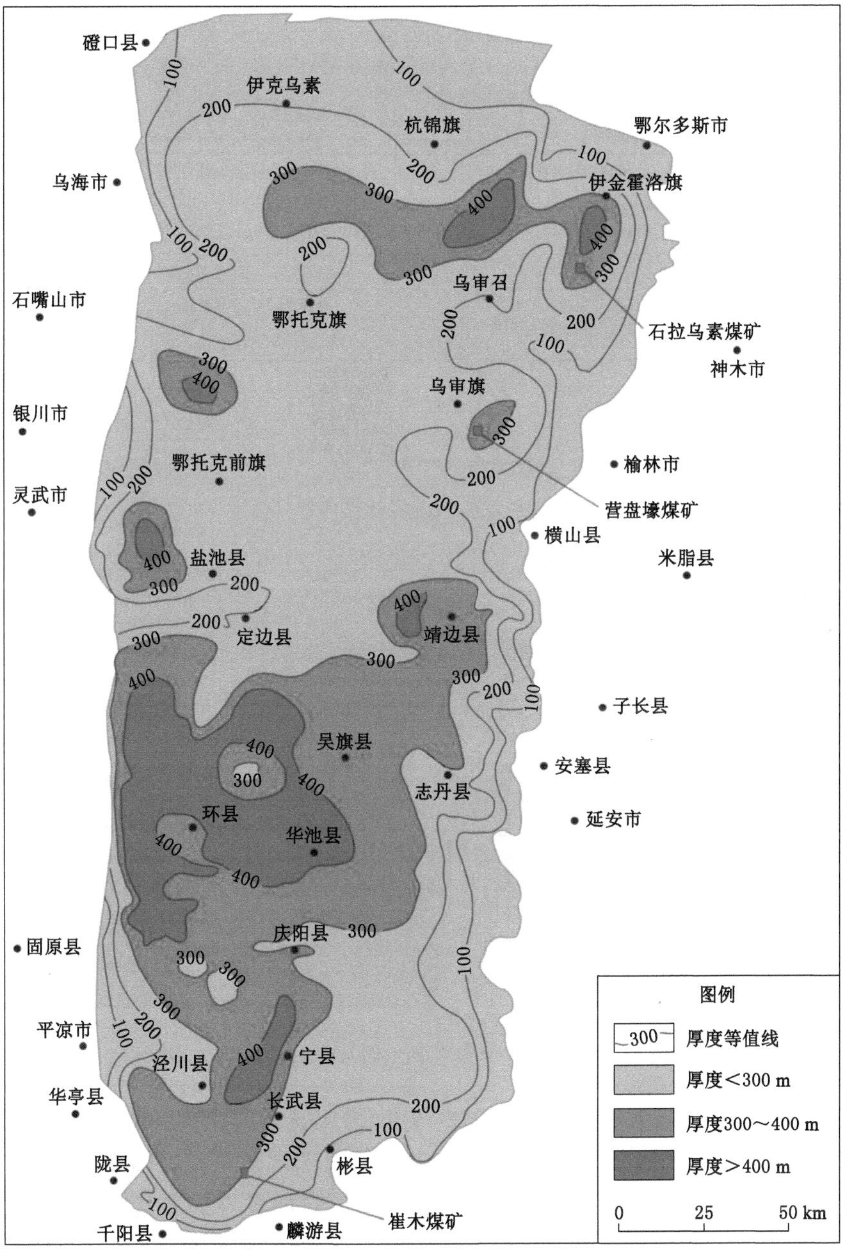

图 2-2 鄂尔多斯盆地宜君-洛河组等厚线图

根据石拉乌素矿钻孔资料及野外地质调查资料，研究区白垩系岩性以中-细砂岩为主，含少量粉砂岩、砂质泥岩夹层（图 2-3、图 2-4）。白垩系底部直接与侏罗系安定组接触，安定组以粉砂岩、砂质泥岩为主。根据石拉乌素矿安定组岩心揭露情况及野外地质调查资料可知，安定组顶部存在风化现象，岩心泥质含量高、遇水易泥化崩解、质地较软（图 2-5）。

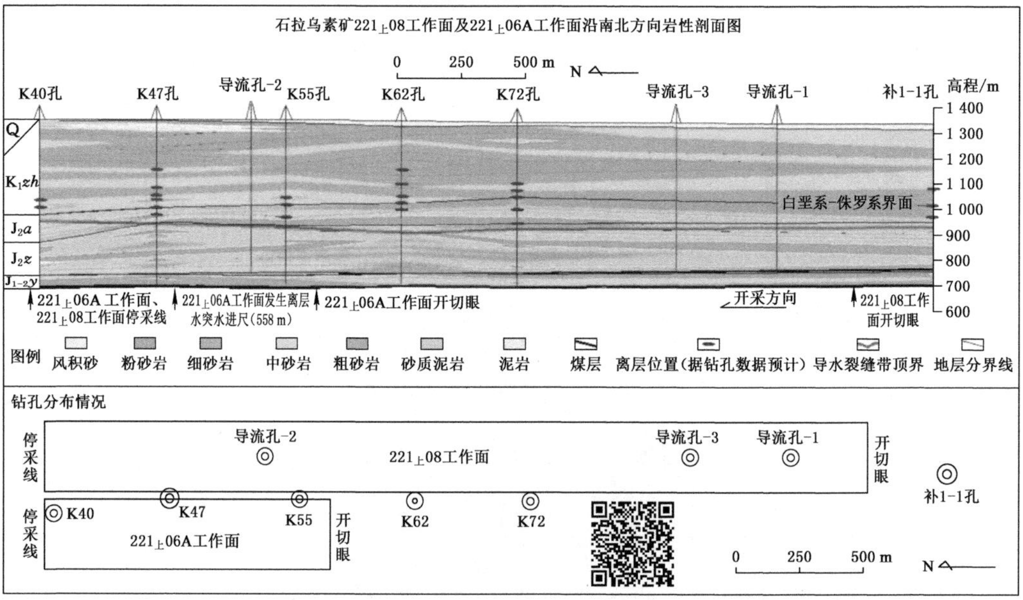

图 2-3　石拉乌素矿典型岩性剖面图

图 2-4　鄂尔多斯盆地白垩系岩层野外露头（2019 年 1 月，摄于庆阳）

综上可知，一方面，石拉乌素煤矿主采煤层埋深大，煤层覆岩内存在巨厚白垩纪岩层，岩性以中-细砂岩为主，含少量粉砂岩及（砂质）泥岩，这种“上部厚层中-细砂岩＋下部薄层泥岩”的岩层组合形式在覆岩沉降过程中会由于变形差异而在两者界面间形成离层；另一方面，白垩系下部为侏罗系安定组，但由于白垩系岩性以厚层砂岩为主、整体性较好，而安定组岩性以粉砂岩、砂质泥岩为主，且安定组顶部存在风化带，这种“下软上硬”的岩层组合形式

(a) 白垩系岩心　　(b) 安定组顶部岩心

图 2-5　钻探工程揭露白垩系及侏罗系安定组岩心(据离层水压分层监测孔)

可导致开采过程中白垩系与安定组交界处易形成较大开度的离层空腔(图 2-6)。

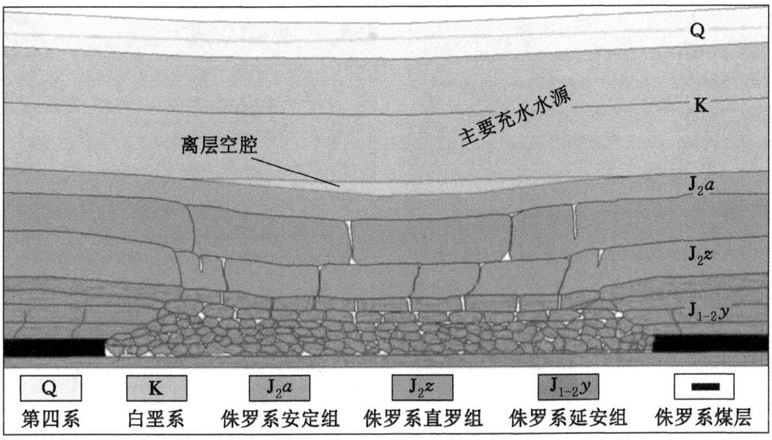

图 2-6　侏罗系煤层开采过程中形成的顶板白垩系离层空腔

2.2.2　试验依据

由于同属高位顶板水害防治技术研究项目实践地点的营盘壕煤矿与石拉乌素煤矿基岩沉积条件相近、岩心保存较好，在营盘壕煤矿选取分层沉降监测孔 KY1 及分层水压监测孔 KY2 的岩心进行基础力学性质测试，部分深度岩心分布如图 2-7 所示。

(1) 基础岩石物理力学性质测试

选取 KY1、KY2 孔不同深度岩样分别进行巴西劈裂及单轴抗压强度测试试验，测试试样如图 2-8 所示，室内测试试验现场如图 2-9 所示。

试样的巴西劈裂试验可分为初始压密阶段、弹性变形阶段以及峰值破坏阶段三个阶段。与单轴压缩相比，砂岩试样的劈裂过程是瞬间发生的，在达到峰值点后在试样中间形成一个贯穿整个试样的拉张破坏面。试样的抗拉强度 σ_t 可由式(2-1)计算：

$$\sigma_t = \frac{2P}{\pi D t} \tag{2-1}$$

式中　P——峰值点的载荷，N；

　　D——试样直径，m；

　　t——试样中心处的高度，m。

(a) KY1孔岩心分布

(b) KY2孔岩心分布

图 2-7　岩心分布情况

(a) 巴西劈裂试验试样

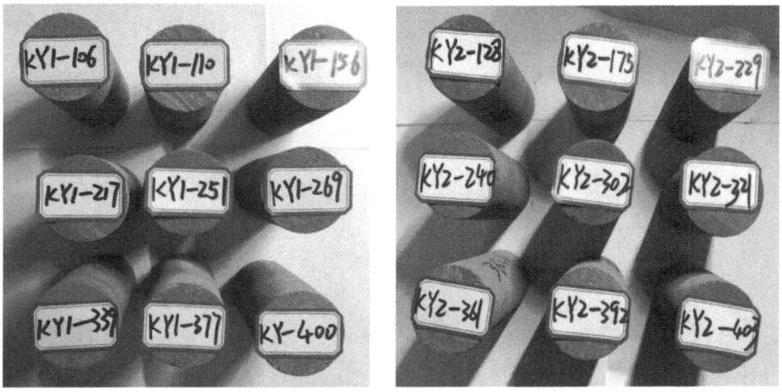

(b) 单轴抗压强度测试试验试样

图 2-8 岩石基础物理力学性质测试试样

(a) 巴西劈裂试验(测试抗拉强度)

(b) 变角剪切测试(测试抗剪强度)

(c) 单轴压缩试验(测试单轴抗压强度)

(d) 贴应变片(测试泊松比)

图 2-9 岩石基础物理力学性质测试现场

巴西劈裂试验结果如图 2-10 所示。

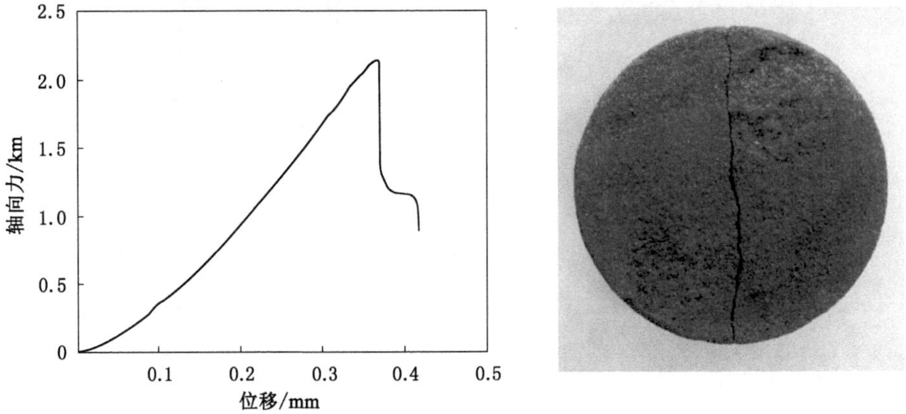

(a) 轴向力-位移曲线　　(b) 劈裂后试样

图 2-10　巴西劈裂试验结果

砂岩试样的单轴压缩试验可分为初始压密阶段、弹性变形阶段、屈服阶段和峰后破坏阶段四个阶段。在初始压密阶段,在轴向应力的作用下试样内裂隙逐渐闭合,随着应力的增加应变逐渐减小;在进入弹性变形阶段后,应变随应力的增加呈线性增长趋势;在屈服阶段,随着应力的增加,应变快速增长;最终在峰值应力点试样破坏,应力快速跌落。试样呈明显剪切破坏模式,有一个贯穿试样的主破裂面和在主破裂面两侧零散分布的次生破裂面。峰值应力点的应力值即试样的单轴抗压强度,在弹性变形阶段轴向应力与应变之比即弹性模量。单轴压缩试验结果如图 2-11 所示。

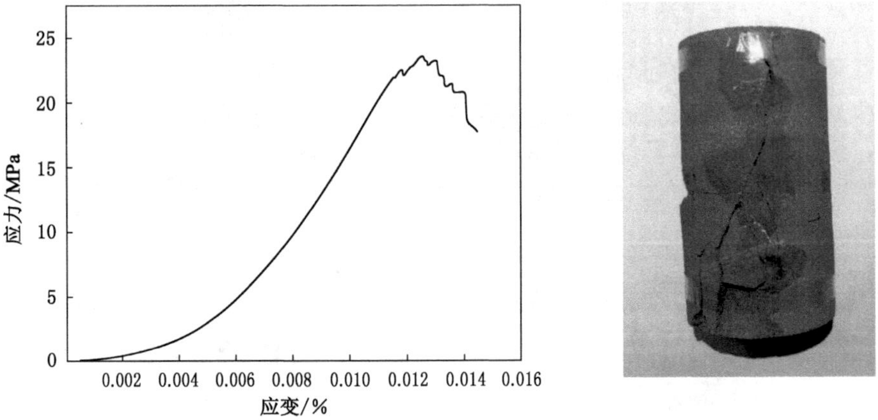

(a) 轴向应力-应变曲线　　(b) 破坏后试样

图 2-11　单轴压缩试验结果

岩石基础物理力学性质指标如表 2-1 和表 2-2 所示。

表 2-1 巴西劈裂试验测试结果

取样来源	深度/m	岩性	含水率/%	密度/(g/cm³)	直径/mm	高度/mm	σ_t/MPa
KY1 孔	106	中砂岩	1.20	2.15	49.60	25.16	1.68
	110	中砂岩	1.25	2.19	49.56	25.27	1.85
	128	细砂岩	1.18	2.22	49.55	25.21	2.04
	156	粗砂岩	1.21	2.45	49.62	24.71	2.82
	217	细砂岩	1.26	2.39	49.17	24.38	1.84
	240	细砂岩	1.19	2.43	48.71	24.97	1.95
	288	中砂岩	1.39	2.16	49.18	25.13	2.43
	310	粉砂岩	1.45	2.23	49.79	25.38	1.27
	377	细砂岩	1.38	2.19	49.67	24.65	2.55
	398	细砂岩	1.28	2.36	49.49	24.45	2.18
	413	粗砂岩	1.19	2.33	49.21	25.06	3.14
	429	中砂岩	1.15	2.41	49.54	24.99	2.87
KY2 孔	104	中砂岩	1.16	2.18	49.53	100.48	2.13
	134	中砂岩	1.23	2.17	49.38	99.88	2.35
	167	粗砂岩	1.22	2.45	49.68	100.27	3.01
	196	中砂岩	1.28	2.24	49.55	100.14	2.56
	211	中砂岩	1.15	2.37	49.41	100.39	2.47
	256	中砂岩	1.07	2.43	49.58	100.15	2.61
	292	粉砂岩	1.02	2.21	49.55	100.29	1.11
	314	粗砂岩	1.47	2.14	49.01	100.16	3.25
	333	细砂岩	1.32	2.23	49.64	100.32	2.48
	362	细砂岩	1.34	2.07	49.56	100.40	2.32
	391	中砂岩	1.53	2.29	49.19	100.23	2.95
	405	粗砂岩	1.22	2.99	49.27	100.29	3.56

表 2-2 单轴压缩试验测试结果

取样来源	深度/m	岩性	含水率/%	密度/(g/cm³)	σ_c/MPa	E/GPa	μ
KY1 孔	106	中砂岩	1.20	2.15	25.17	15.42	0.33
	110	中砂岩	1.25	2.19	29.44	16.73	0.31
	156	粗砂岩	1.21	2.45	30.04	15.20	0.28
	217	细砂岩	1.26	2.39	21.27	9.75	0.36
	251	细砂岩	1.18	2.43	18.42	10.68	0.28
	269	细砂岩	1.21	2.16	23.55	12.32	0.31
	339	粉砂岩	1.15	2.23	31.42	9.72	0.29
	377	细砂岩	1.38	2.19	35.18	18.50	0.33
	400	细砂岩	1.21	2.16	25.43	13.25	0.27

表 2-2(续)

取样来源	深度/m	岩性	含水率/%	密度/(g/cm³)	σ_c/MPa	E/GPa	μ
KY2 孔	128	细砂岩	1.19	2.18	15.55	9.70	0.32
	175	中砂岩	1.22	2.17	32.25	14.41	0.35
	229	粉砂岩	1.12	2.15	38.75	7.54	0.29
	240	中砂岩	1.28	2.24	32.48	15.30	0.31
	302	中砂岩	1.25	2.37	34.45	14.80	0.33
	321	中砂岩	1.27	2.33	28.71	18.55	0.31
	361	细砂岩	1.22	2.21	28.46	11.75	0.32
	392	中砂岩	1.37	2.14	37.38	15.90	0.27
	403	粗砂岩	1.42	2.43	40.51	19.76	0.28

(2) 岩石全应力-应变-渗透试验

为研究白垩系砂岩在采动过程中渗透性变化情况,对砂岩试样进行全应力-应变-渗透试验,本次试验在中国矿业大学 RT 多场耦合试验仪上完成,仪器如图 2-12 所示。该系统由控制系统、三轴压力室、轴压系统、围压系统、渗流系统、温度系统 6 个部分及专用高精度传感器(位移传感器、压力传感器、温度传感器)组成。可施加最大围压为 60 MPa,最大轴压为 500 MPa,上端口(P3 泵)最大渗透压为 60 MPa,下端口(P4 泵)最大渗透压为 50 MPa,控压精度为±0.01 MPa,分辨率为 0.000 1 MPa。可实时记录载荷、应力、位移、应变、流体压力及流量值,并能够同步绘制载荷-位移、应力-应变、孔隙流体压力/流量-时间关系曲线。设备具备自平衡装置,通过自平衡活塞压头,可实现纯静水压力加载,以机械方式抵消围压的影响,加载到试件上的力是应力差,与此同时在压头不断下压的过程中,受到挤出效应的围压油进入机械自平衡装置,自动维持围压的稳定性。围压室采用电加热环直接加热围压室缸体,依靠热传递实现围压室内部耐高温抗压油的加热,处于围压室中央的岩样随着油液升高而逐渐升温,最高温度可达 200 ℃,精度可达±0.5 ℃。围压室缸体及底座具备良好的

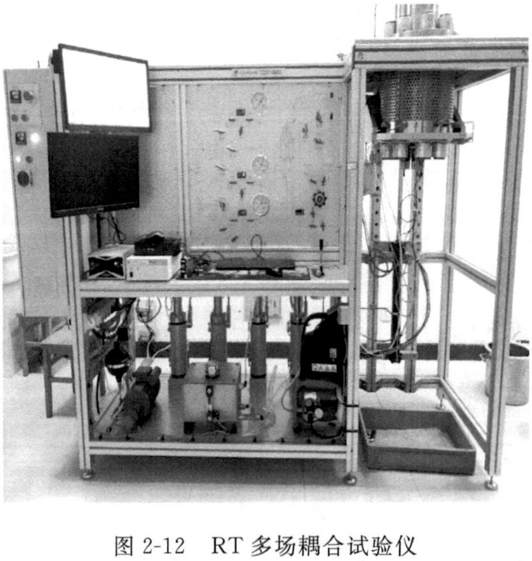

图 2-12　RT 多场耦合试验仪

传热性能,渗流管路在围压室底座下部有盘绕(因相关阀门和接口需要),而后穿过底座进入压力腔室(路径长度超过 200 mm)到达岩样上、下端,渗流管路部分浸在耐高温抗压油中,因高压需要渗流管路口径极小,水压泵中的室温纯水经管路到达岩样上、下端,沿途经过充分的热交换,水温已与围压室设定温度接近或相等。水压加载虽然是不断注入冷水的过程,但自水压泵至岩样上、下端的整个管路中水温基本是逐渐升高的,又因渗流过程比较缓慢,避免了冷热剧烈变化的过程。

考虑不同埋深的影响,对试样进行了轴压为 7.5 MPa、10 MPa 和 12.5 MPa(分别对应埋深 300 m、400 m 和 500 m)的全应力-应变-渗流试验。从图 2-13 中可以看出,在本次砂岩试样三轴压缩试验过程中,全应力-应变曲线较好地体现了岩石变形的 5 个阶段:初始压密阶段、弹性阶段、塑性阶段、峰值平稳阶段、峰后破坏阶段。由于白垩纪地层胶结软弱、强度低,在设置初始轴压时大部分裂隙都已闭合,初始压密阶段不显著。试验中试样出现明显的围压效应,主要体现在:随着轴压的增大,岩样的抗压强度显著增加,弹性极限显著增大。

分析全应力-应变过程中的渗透率的变化可以看出,随着轴压的增大,渗透率缓慢增大,到达扩容点后,试样体积急剧膨胀,试样内裂隙增多,砂岩的渗透率明显增大,破坏后的渗透率可达到初始状态下的 4～6 倍。

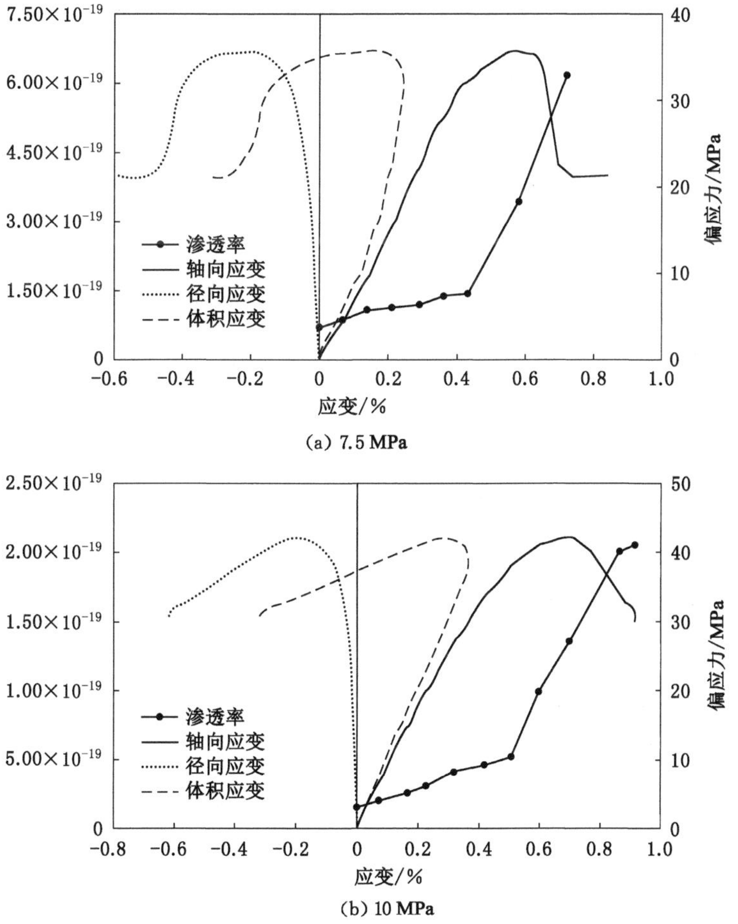

图 2-13 不同轴压下的白垩系砂岩全应力-应变-渗流试验结果

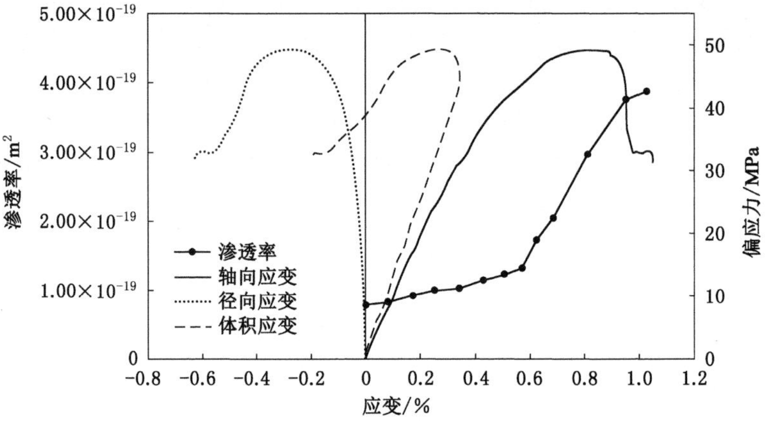

(c) 12.5 MPa

图 2-13(续)

鄂尔多斯盆地侏罗系顶部存在侏罗系古风化壳,风化壳岩体破碎呈碎裂状和散体状结构,对侏罗系古风化壳取样进行水理性质测试和物理力学性质测试。

不同岩性的岩样在浸水 24 h 后表现出泥化、崩解、碎裂和稳定四种状态。第 1 种,岩性以泥岩为主[图 2-14(a)]:岩样浸水后表面迅速产生气泡,表层颗粒自动脱落,块体结构分解为土状的泥砂颗粒;第 2 种,岩性以砂质泥岩为主[图 2-14(b)]:在浸水后岩块开始出现裂

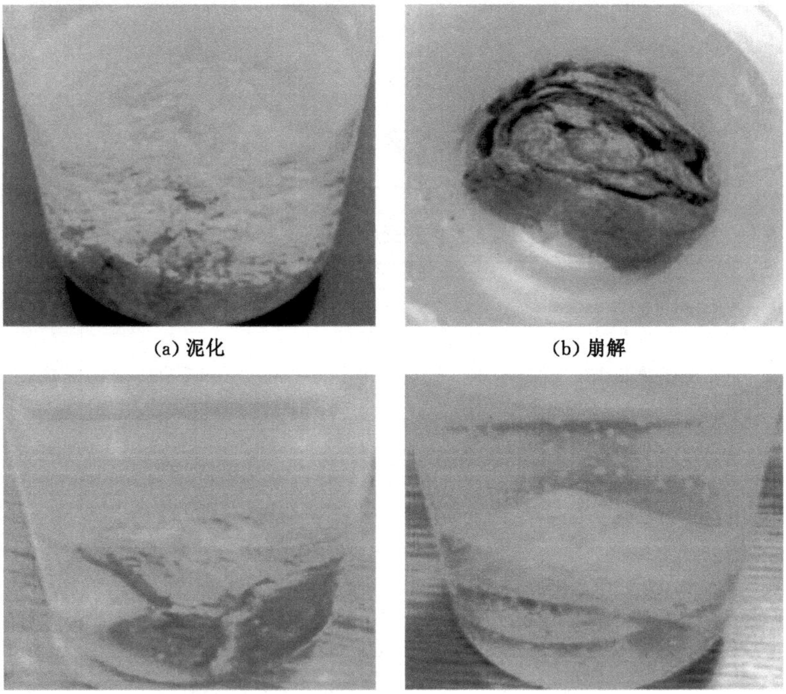

(a) 泥化　(b) 崩解　(c) 碎裂　(d) 稳定

图 2-14　不同岩性岩样浸水 24 h 状态

缝,表层颗粒开始在浸水的作用下脱落,块体结构崩解为小碎块和部分泥砂颗粒;第 3 种,岩性以泥质砂岩和泥灰岩为主[图 2-14(c)]:在浸水几十分钟后出现裂纹,岩块结构保持完整,随着浸水时间增加,岩块表面的裂纹逐渐扩张为贯穿岩块的裂缝,几乎看不到砂泥质颗粒脱落;第 4 种,岩性以砂岩为主[图 2-14(d)]:岩样浸水后偶尔出现小气泡,岩块几乎不发生结构性变化,在浸水后仍然保持稳定的原状结构。这说明侏罗系古风化壳中的泥质含量较高,岩性以砂质泥岩和泥岩为主。

对岩石基础物理力学性质进行测试,结果如表 2-3 和图 2-15 所示。

表 2-3　古风化壳物理力学参数测试结果

编号	密度 /(g/cm³)	岩块单轴抗压强度 σ_c/MPa	岩体强度指标	
			黏聚力 C/kPa	内摩擦角 φ/(°)
JB	2.36～2.57	24.01～79.49	57.39～78.58	18.47～69.83
SM	2.35～2.4	23.84～25.01	57.33～67.04	18.33～35.87
GQ	2.38～2.39	34.72～74.81	61.17～69.99	28.63～47.20
AS	2.43	28.58～36.35	59.25～70.42	22.97～48.76
YZ		26.01～60.75	58.26～75.89	20.45～63.95

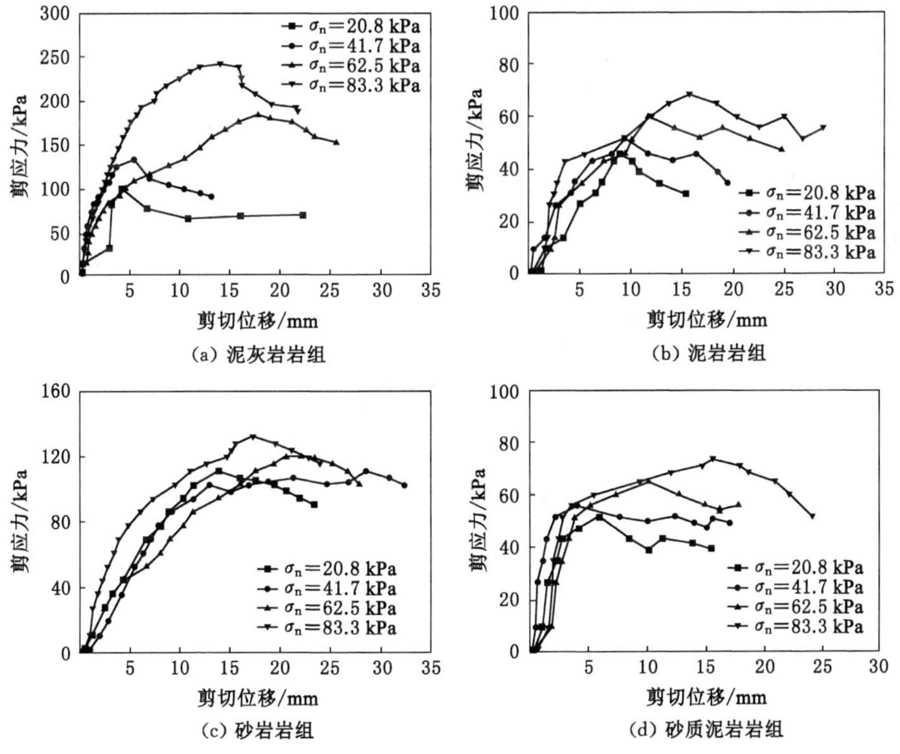

图 2-15　古风化壳剪应力-剪切位移曲线

在较低的正应力条件下，加载初期曲线呈线性上升趋势，随着剪应力增大有短暂的屈服软化阶段，过了剪应力峰值后，剪应力迅速降低；而在较高的正应力条件下，过了初期线性加载阶段后，随着剪应力增大，持续长时间非线性屈服软化阶段，过了剪应力峰值后，剪应力降低不是很明显，没有明显的屈服强度(图 2-15)。

通过分析古风化壳的物理力学性质，认识到古风化壳岩性以砂质泥岩、泥岩为主，岩石浸水呈现泥化、崩解、碎裂和稳定 4 种状态，岩体强度低，总体属于软弱破碎岩体。

综上所述，侏罗系与白垩系在力学参数上差异明显。白垩系砂岩厚度大，岩体结构完整，强度高；侏罗系泥岩、砂质泥岩整体较破碎、强度低，泥质含量高。当受到煤层采动影响时，巨厚层的白垩系砂岩和下部的侏罗系泥岩之间存在不均匀沉降的力学条件，可能形成较大开度的离层。

2.2.3 实践依据

根据营盘壕煤矿离层监测孔测得的数据可知，随着开采的推进，在白垩系内部(图 2-16 中离层 2，埋深 389.51～398.46 m；图 2-16 中离层 3，埋深 284.91～293.77 m)及白垩系与侏罗系安定组地层界面处(图 2-16 中离层 1，埋深 432.35～434.26 m)均存在离层，其中，白垩系与侏罗系安定组地层界面处的离层规模最大，在最大采厚为 5.6 m 的情况下离层最大开度可达 1.42 m。

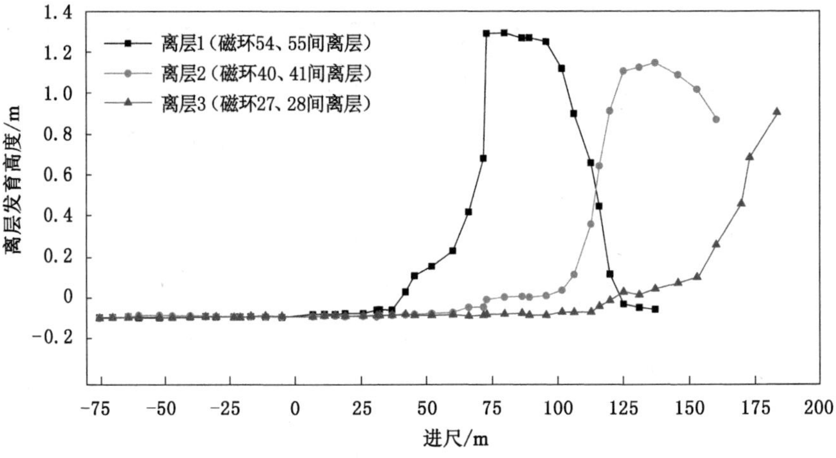

图 2-16　营盘壕煤矿离层发育高度-进尺变化情况

$221_{上}06A$ 工作面在 2018 年 1 月 6 日发生异常突水，$221_{上}06A$ 工作面开采期间，洛河组水位缓慢下降，说明 $221_{上}06A$ 工作面开采过程中，有洛河组水下泄到采空区。且 1 月 6 日—1 月 20 日异常突水期间，洛河组水位下降速度有明显增加的趋势，可以断定，此次的大型异常突水为洛河组离层水突水。如图 2-17 所示。

石拉乌素煤矿 $221_{上}06A$ 工作面出现过离层突水、与石拉乌素煤矿开采条件相近的营盘壕煤矿监测到离层，因此，石拉乌素煤矿具备白垩系离层形成的工程地质条件，采动覆岩内存在白垩系离层水，白垩系离层水害问题不容回避。

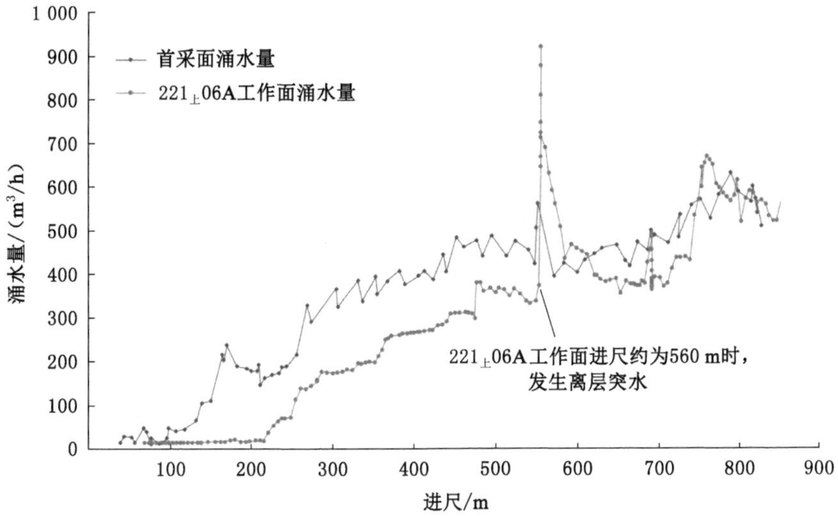

图 2-17　石拉乌素矿 221$_{上}$06A 工作面回采期间涌水量变化情况

2.3　离层水害量化评价

以石拉乌素煤矿 221$_{上}$06A 工作面为例。

2.3.1　221$_{上}$06A 工作面概况

221$_{上}$06A 工作面位于 221 盘区，在煤矿副井以东位置，工作面长 1 100 m，宽 294 m，开采延安组 2 煤，平均采厚 10 m，采深 635.3～661.8 m(图 2-18)。

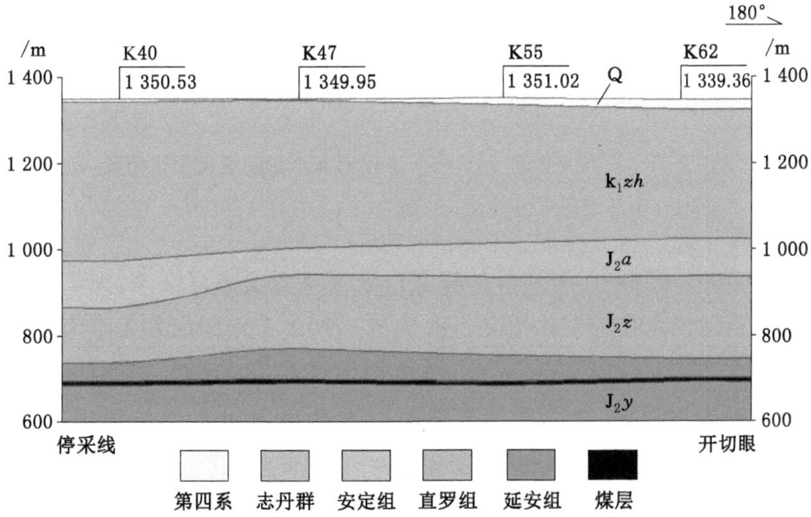

图 2-18　石拉乌素矿 221$_{上}$06A 工作面南北向剖面图

221 盘区煤层开采的直接充水含水层为侏罗系延安组煤系裂隙含水层和直罗组砂岩裂

隙含水层;白垩系志丹群洛河组砂岩含水层为其间接充水含水层,富水性中等,对煤层开采构成较大威胁。洛河组砂岩底部与安定组界面处易形成离层,威胁工作面安全开采。采场顶板离层水害具有瞬时涌水量大、突水征兆不明显、突水危害大等特点,且发生离层水害的矿区在全国各地均有分布。

(1) 工作面异常出水情况

根据《石拉乌素煤矿重点工程日报表》记录,$221_{上}06$A 工作面在 2018 年 1 月 6 日工作面推进 558 m 时发生异常突水,涌水量为 645.94 m^3/h,较前一日增大 72.67%,之后三天涌水量持续增大,并于 2018 年 1 月 10 日增至峰值 921.4 m^3/h 后开始回落,1 月 20 日跌至 436 m^3/h,之后虽有回升但幅度不大,可认为异常涌水终止于 1 月 20 日。本次异常涌水持续 14 天,在此期间由于矿井排水能力充足、排水设施安装到位,积水很快被排空而未出现安全事故。

1 月 21 日至 3 月 3 日期间,工作面涌水量在 380～450 m^3/h 之间波动,基本稳定。3 月 4 日进尺约为 744 m,工作面涌水量开始回升,截至 3 月 6 日,工作面涌水量达 643 m^3/h(图 2-19)。

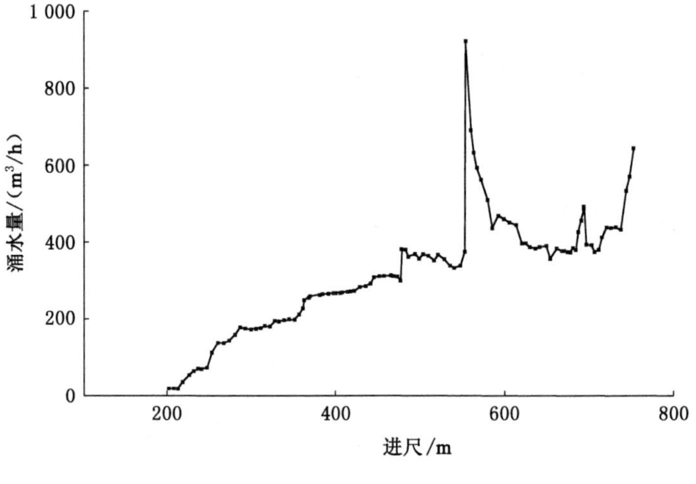

图 2-19 石拉乌素矿 $221_{上}06$A 工作面涌水量随进尺变化情况

(2) 突水水源分析

根据出水特点,初步判断 1 月 6 号的异常出水为洛河组离层突水,为了验证这一判断,需要获得突水前洛河组水位的变化情况。由于 $221_{上}06$A 工作面内并无洛河组水位观测孔,最近的洛河组水位观测孔位于 $221_{上}06$A 工作面西南侧 1.53 km 处,所观测到的洛河组水位虽然不能及时、直接地反映 $221_{上}06$A 工作面上方的洛河组水位波动情况,但可以反映 $221_{上}06$A 工作面周围的洛河组水位整体变化趋势(图 2-20)。

由图 2-20 可知,$221_{上}06$A 工作面煤层开采期间,洛河组水位缓慢下降,说明 $221_{上}06$A 工作面开采过程中,有洛河组水下泄到采空区。且 1 月 6 日—1 月 20 日异常突水期间,洛河组水位下降速度有明显增加的趋势,可以断定,此次的大型异常突水为洛河组离层水突水。

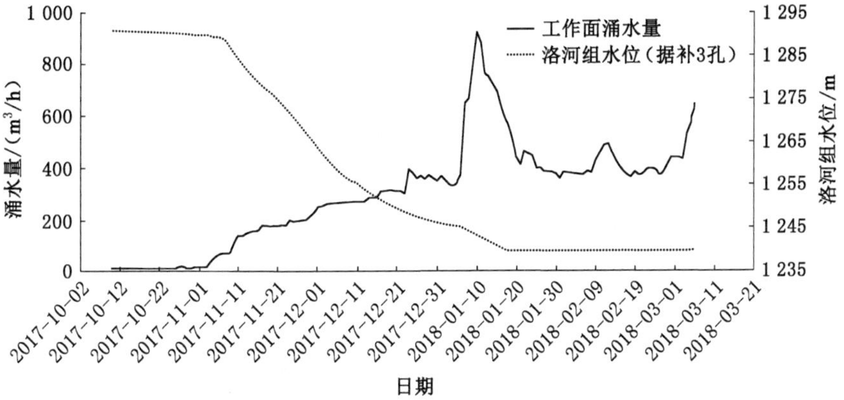

图 2-20 石拉乌素矿 $221_{上}06A$ 工作面回采期间涌水量、洛河组水位变化情况

2.3.2 离层位置判别

由于此次 $221_{上}06A$ 工作面异常突水时，工作面推进距离为 558 m，故本次异常突水位置最有可能位于距离开切眼 279 m 处，如图 2-21 所示，该位置距离 K55 钻孔最近，因此以下计算及数值模拟均以 K55 钻孔所揭露的地层与岩性为例。

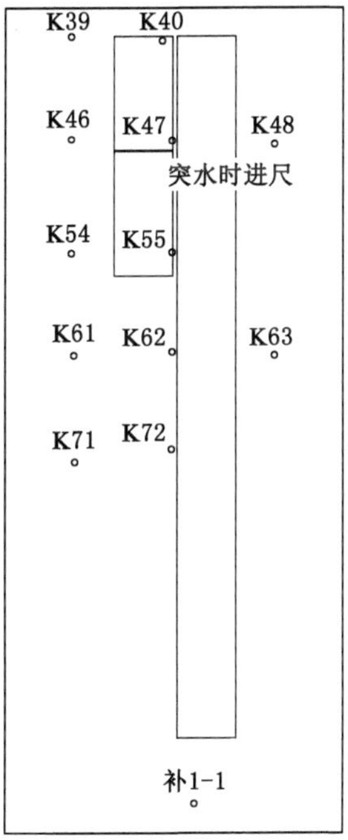

图 2-21 石拉乌素矿 $221_{上}06A$ 工作面异常突水时工作面进尺示意图

离层位置的预计，可基于组合梁理论：岩层层理为弱结构面，黏结强度较弱，其抗拉强度可以忽略不计。将煤层上覆岩层看作由若干组岩梁叠加而成(图 2-22)，能够发生同步弯曲变形的若干个岩层组成的岩层整体称为组合梁。因大型可积水离层存在于岩层悬空部分的

正中间,所以对岩层悬空部分的正中间位置进行变形分析。如无特别说明,下文所指的曲率仅为岩层悬空部分正中间位置的曲率。

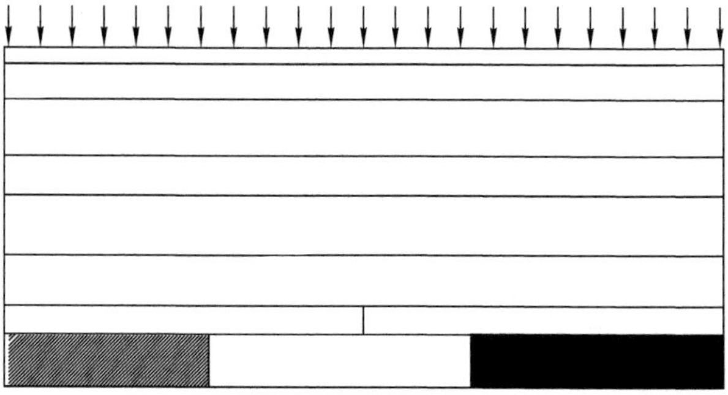

图 2-22　组合梁示意图

如图 2-22 所示,采空区上方有 m 层岩层,各岩层的厚度、重度、弹性模量、截面惯性矩、自重均布载荷分别为 h_i、γ_i、E_i、I_i、$q_i(i=1,2,3,\cdots,m)$。在由 n 层岩层组成的组合梁中,第 i $(i=1,2,3,\cdots,n)$层岩层中间所承受的弯矩为$(M_n)_i$,该弯矩使岩层在中间处产生弯曲变形,且该弯曲变形的曲率为$(C_n)_i$。二者关系可表示如下:

$$(C_n)_i = \frac{(M_n)_i}{E_i I_i} \tag{2-2}$$

由于 n 层岩层同步弯曲,所以组合梁内的各岩层曲率相同,即

$$(C_n)_1 = (C_n)_2 = \cdots = (C_n)_n \tag{2-3}$$

根据组合梁原理,组合梁整体在其正中间处截面上的载荷 q_n、剪力 Q_n 与弯矩 M_n 都由组合梁内的各岩层在同一截面上各自的载荷$(q_n)_i$、剪力$(Q_n)_i$ 和弯矩$(M_n)_i$ 负担$(i=1,2,3,\cdots,n)$,它们之间的计算关系如下:

$$q_n = (q_n)_1 + (q_n)_2 + \cdots + (q_n)_n, Q_n = (Q_n)_1 + (Q_n)_2 + \cdots + (Q_n)_n,$$
$$M_n = (M_n)_1 + (M_n)_2 + \cdots + (M_n)_n \tag{2-4}$$

弯矩与剪力存在如下对应关系:

$$Q_n = \frac{\mathrm{d}M_n}{\mathrm{d}x}, (Q_n)_i = \frac{\mathrm{d}(M_n)_i}{\mathrm{d}x} \tag{2-5}$$

剪力与载荷存在如下对应关系:

$$q_n = \frac{\mathrm{d}Q_n}{\mathrm{d}x}, (q_n)_i = \frac{\mathrm{d}(Q_n)_i}{\mathrm{d}x} \tag{2-6}$$

其中,q_n 的大小可计算,在组合梁只受重力作用下,其大小等于各岩层自重载荷 $q_i(i=1,2,3,\cdots,n)$之和,即

$$q_n = \sum_{i=1}^{n} q_i, q_i = \gamma_i h_i \quad (i = 1,2,3,\cdots,n) \tag{2-7}$$

值得注意的是,由于组合梁中各岩层之间存在接触、挤压,载荷重新进行了分配,所以组合梁中$(q_n)_i \neq q_i$。

各岩层厚度为 h_i、宽度为 b_i,因各岩层的截面为一矩形,其截面惯性矩 I_i 可表示如下:

$$I_i = \frac{b_i h_i^3}{12} \quad (i = 1,2,3,\cdots,n) \tag{2-8}$$

默认各岩层宽度均为单位宽度，整理以上公式，可得如下公式：

$$(q_n)_1 = \frac{E_1 h_1^3 (\gamma_1 h_1 + \gamma_2 h_2 + \cdots + \gamma_n h_n)}{E_1 h_1^3 + E_2 h_2^3 + \cdots + E_n h_n^3} \tag{2-9}$$

式(2-9)即 n 层岩层组成的组合梁发生同步变形、下沉过程中，载荷重新分配，最底层(即第 1 层)岩层实际承受的载荷。

传统的离层判别方法为：若计算结果满足式(2-10)，则判定第 $n+1$ 层岩层和第 n 层岩层之间产生离层。

$$(q_{n+1})_1 < (q_n)_1 \tag{2-10}$$

传统的离层判别方法认为：若 $n+1$ 层岩层组成的组合梁同步变形的过程中，最底层岩层所承受的载荷反而小于 n 层岩层组成的组合梁同步变形时最底层岩层承受的载荷，则说明第 n 层岩层受到第 $n+1$ 层岩层向上的悬吊力 P，而实际上岩层之间的接触面是一个弱结构面，黏聚力可以忽略不计，即 $P \approx 0$。所以可以认为，此时第 $n+1$ 层岩层与第 n 层岩层不具有同步变形的条件。

该判别方法存在一定理论缺陷，主要在于：大量开采实践和模拟试验均证明，煤层开采后，顶板覆岩运动形式是以“岩层组”(由单层或多层岩层组成）为基本单位的弯曲变形破坏，因此离层只可能产生在相邻“岩层组”的接触面。传统的离层判别方法却将顶板每层覆岩均单独作为力学性能的比较对象，无疑使预测结果与实际偏差较多。如图 2-23 所示，当对第 $n+1$ 层、第 n 层岩层进行离层发育位置判别时，传统的离层判别方法隐含的默认条件为第 $n+1$ 层岩层一定以单层岩层的形式弯曲下沉，或第 $n+2$ 层岩层对第 $n+1$ 层岩层不施加向下的纵向载荷，实际上若第 $n+2$ 层岩层的抗弯刚度 EI 小于第 $n+1$ 层岩层，则会对第 $n+1$ 层岩层施加垂直向下载荷 F 而加速第 $n+1$ 层岩层的弯曲变形，当载荷 F 足够大时，将使第 $n+1$ 层岩层与第 n 层岩层之间的 1# 离层不会产生或闭合消失。

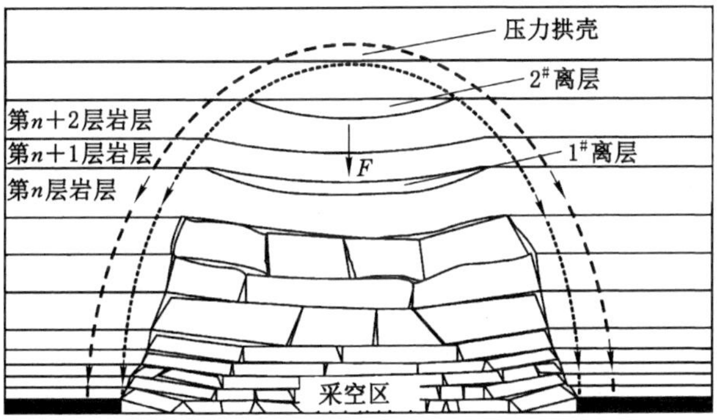

图 2-23　层间离层示意图

针对上述缺陷，对传统的离层判别方法的判别准则公式(2-10)作出如下修正：

若 $(q_m)_1 = \max((q_1)_1, (q_2)_1, \cdots, (q_n)_1)$，且 $1 \leqslant m < n$，则判定第 $m+1$ 层岩层与第 m 层岩层之间产生了离层。

上述判定准则的具体力学原理可解释为：若 $(q_m)_1 = \max((q_1)_1, (q_2)_1, \cdots, (q_n)_1)$，且 $1 \leqslant m < n$，则说明第 1 层至第 m 层岩层能够以“岩层组”的形式同步弯曲变形；同时 $(q_m)_1 > \max((q_{m+1})_1, (q_{m+2})_1, \cdots, (q_n)_1)$，说明第 $m+1$ 层至第 n 层之间的所有岩层均不能

划入由第1层至第 m 层岩层构成的"岩层组",即第 m 层与第 $m+1$ 层岩层之间的层理面被拉开,此处存在离层空腔。

以K55钻孔为例,采用中国矿业大学李文平教授编写的《石拉乌素煤矿首采工作面导水裂缝带高度分布式光纤监测结果报告》中最终测定的裂采比24.56,作为本次导水裂缝带高度预计裂采比,以0.7倍的采深作为极限拱的拱高,计算得221$_{上}$06A工作面导水裂缝带高度为241.9 m,极限拱拱高为466.3 m,利用组合梁理论计算判别221$_{上}$06A工作面导水裂缝带之上,压力拱以下离层发育位置(表2-4)。

表2-4 221$_{上}$06A工作面导水裂缝带之上离层分布

地层	岩性	厚度/m	下部是否发育离层	离层序号
第四系	土层	179.2	—	
	压力拱之上基岩层			
洛河组	粉砂岩	20.49	否	
	细砂岩	19.96	否	
	中砂岩	28.13	否	
	细砂岩	26.02	否	
	中砂岩	33.79	是	Ⅳ
	砂泥岩	6.2	否	
	中砂岩	22.05	是	Ⅲ
	砂泥岩	8.11	否	
	粉砂岩	10.19	否	
安定组	中砂岩	30.59	是	Ⅱ
	砂泥岩	12.15	否	
	细砂岩	19.02	是	Ⅰ
直罗组、延安组	导水裂缝带	241.9		
	煤层	9.85		

计算结果表明,导水裂缝带之上有离层发育,其中作为隔水层的安定组由于富水性弱,Ⅰ、Ⅱ号离层空腔形成后缺乏水源补给,难以形成离层水;洛河组砂岩含水层富水性中等,当Ⅲ、Ⅳ号离层空腔形成后,洛河组砂岩裂隙水可较快地向离层空腔进行补给,形成离层积水。如图2-24所示,洛河组与安定组交界面的离层距离导水裂缝带顶界面约75 m,具有离层突水的可能性;另外,结合此次异常突水的特征来看,此次异常突水共持续14 d,其间工作面最大涌水量为931 m^3/h,14 d内工作面涌水总量达77 628.96 m^3,突水历时长、瞬间涌水量大、突水总量大,表明此次异常突水很有可能是离层突水,且离层突水的补给水源为一富水性较强、能对离层空间持续强补给的含水层。结合矿区水文地质结构,可以判定该补给水源为志丹群洛河组含水层,故可以判定221$_{上}$06A工作面此次异常突水是洛河组与安定组交界面的Ⅲ号离层突水所导致的。

2.3.3 离层下位岩层破断分析

(1) 离层下位岩层破断跨距计算

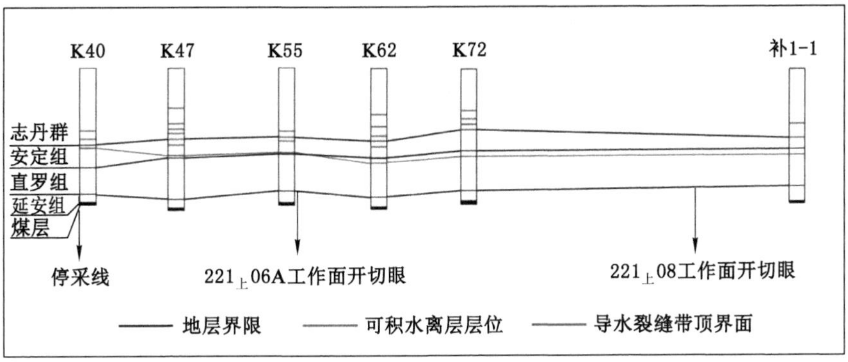

图 2-24　石拉乌素矿 $221_{上}$06A 工作面可积水离层层位预计图

① 离层水载荷传递作用机理

$221_{上}$06A 工作面覆岩洛河组砂岩裂隙含水层含有水压为 3 MPa 的承压水，由于安定组顶界面具有分布连续的具有较好隔水性的砂质泥岩，因此洛河组承压水可通过洛河组与安定组接触面并作用在安定组岩层之上。

当洛河组与安定组接触面形成离层时，洛河组承压水将在自身水压以及离层空腔吸力的作用下向离层空腔补给，但由于不能及时将离层空腔充满，离层将会处于一个真空状态，下位岩体会受到一个向上的吸力，且此时将不再受到洛河组承压水的压力(图 2-25)。

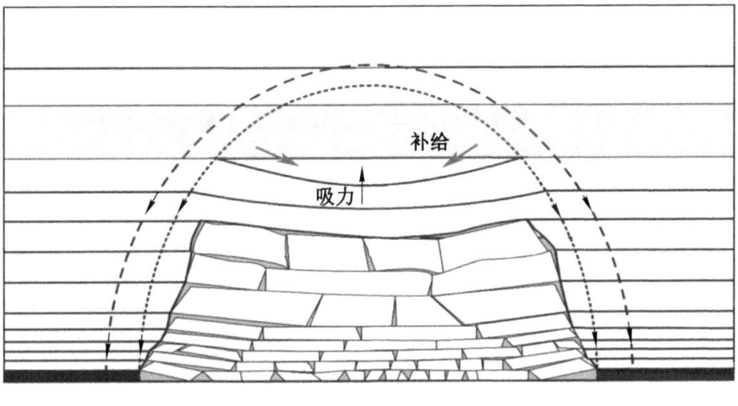

图 2-25　离层空腔充水示意图

当离层充满水或者由于上位岩体的下沉变形离层空腔充满水时，离层的下位岩体将重新受到洛河组承压水的压力(图 2-26)。

② 基于板模型的岩层破断计算公式

基于 $221_{上}$06A 工作面的边界和开采条件，依据薄板弹性力学理论，可将采场上覆岩板简化为四边固支矩形弹性薄板结构，如图 2-27 所示，其中 a 为上覆坚硬顶板沿走向方向悬露的长度，b 为工作面的倾向长度，板面作用有均布载荷 p_0。并进行如下假设：① 垂直于板中性面的法线(中法线)在变形后仍为垂直于弹性曲面的直线，且长度不变；② 板的中性面无伸缩变形。

由此，坚硬岩层板满足的平衡方程为：

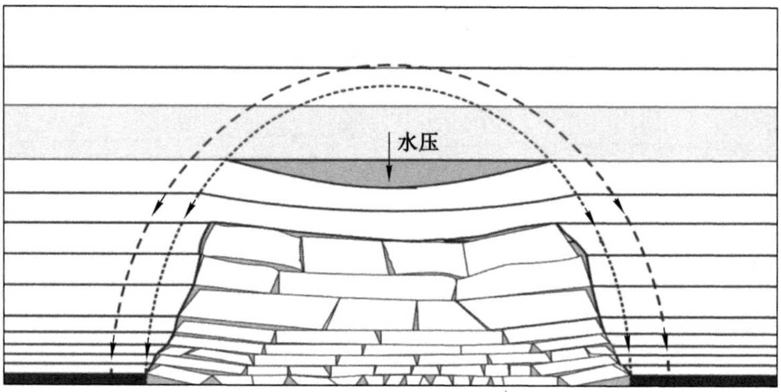

图 2-26　离层水载荷传递作用

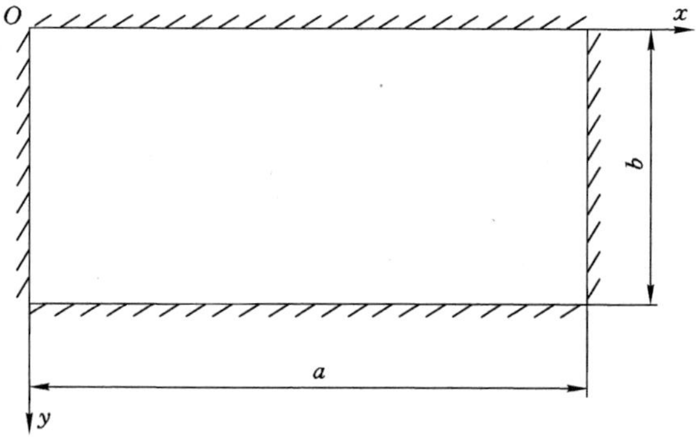

图 2-27　上覆坚硬岩层简化成四边固支的弹性薄板模型

$$\begin{cases} \dfrac{\partial M_x}{\partial x} + \dfrac{\partial M_{yx}}{\partial y} - Q_x = 0 \\ \dfrac{\partial M_y}{\partial y} + \dfrac{\partial M_{xy}}{\partial x} - Q_y = 0 \end{cases} \tag{2-11}$$

且有：

$$\begin{cases} M_x = -D \cdot \left(\dfrac{\partial^2 \omega}{\partial x^2} + \mu \dfrac{\partial^2 \omega}{\partial y^2}\right) \\ M_y = -D \cdot \left(\dfrac{\partial^2 \omega}{\partial y^2} + \mu \dfrac{\partial^2 \omega}{\partial x^2}\right) \\ M_{xy} = M_{yx} = -D(1-\mu) \cdot \dfrac{\partial^2 \omega}{\partial x \partial y} \end{cases} \tag{2-12}$$

将式(2-11)代入式(2-12)可得：

$$D \cdot \left(\frac{\partial^4 \omega}{\partial x^4} + 2\frac{\partial^4 \omega}{\partial x^2 \partial y^2} + \frac{\partial^4 \omega}{\partial y^4}\right) = q + N_x \frac{\partial^2 \omega}{\partial x^2} + N_y \frac{\partial^2 \omega}{\partial y^2} + 2S N_x \frac{\partial^2 \omega}{\partial x \partial y} = D \nabla^2 \nabla^2 \omega \tag{2-13}$$

式中　$\nabla^2 \nabla^2 \omega = \dfrac{\partial^4 \omega}{\partial x^4} + 2\dfrac{\partial^4 \omega}{\partial x^2 \partial y^2} + \dfrac{\partial^4 \omega}{\partial y^4}$——拉普拉斯算子；

$D = \dfrac{Et^3}{12(1-\mu^2)}$——抗弯刚度；

其余符号意义同前。

当离层产生后，下位岩层没有竖向载荷的作用，只在岩板自重应力 q' 和水平应力作用下产生弯曲，而没有剪力的作用，式(2-13)就变成：

$$D\nabla^2\nabla^2\omega = D\cdot\left(\frac{\partial^4\omega}{\partial x^4}+2\frac{\partial^4\omega}{\partial x^2\partial y^2}+\frac{\partial^4\omega}{\partial y^4}\right)=t\left(q'+\sigma_x\frac{\partial^2\omega}{\partial x^2}+\sigma_y\frac{\partial^2\omega}{\partial y^2}\right) \tag{2-14}$$

若岩板挠度 w 远小于厚度 t，便可以认为中性面内的应变等于零，于是式(2-14)变为：

$$\frac{\partial^4\omega}{\partial x^4}+2\frac{\partial^4\omega}{\partial x^2\partial y^2}+\frac{\partial^4\omega}{\partial y^4}=\frac{tq'}{D}=\nabla^2\nabla^2\omega \tag{2-15}$$

求解上述微分方程比较困难，可应用 Ritz 法进行求解。Ritz 法是以能量原理为基础的近似方法，以能量的稳定准则（最小势能原理）求解临界载荷。应用 Ritz 法，首先假设挠度函数 ω 为：

$$\omega = a_1\varphi_1(x,y)+a_2\varphi_2(x,y)+\cdots+a_n\varphi_n(x,y)=\sum_{i=1}^{n}a_i\varphi_i(x,y) \tag{2-16}$$

式中，a_i，$\varphi_i(x,y)$ 应满足板的全部位移边界条件，但不一定要满足静力边界条件，这样便将具有无限自由度的薄板由具有 n 个自由度的体系所代替。根据最小势能原理，这些参数应使总势能 Π 取极值，即要求：

$$\frac{\partial\Pi}{\partial a_1}=0,\frac{\partial\Pi}{\partial a_n}=0 \tag{2-17}$$

由于 Π 是参数 a_i 的二次函数，所以条件(2-17)是这些参数的一次联立方程组。从联立方程中解出这些参数，代回式(2-15)，可以求出挠度 w 的近似解。

Ritz 法的稳定准则是：当薄板由平面稳定平衡状态转变为微弯曲的曲面稳定平衡状态时，载荷的势能变化量(W)与薄板中应变能的变化量(U)总和为零，即 $\delta\Pi=U+W=0$。

对于四边固支矩形板，其各边刚性固定，则沿各边的挠度 w 和转角皆等于零。故边界条件为：

$$x=0,x=a:\omega=0,\frac{\partial\omega}{\partial x}=0$$

$$y=0,y=b:\omega=0,\frac{\partial\omega}{\partial y}=0$$

选取：

$$\omega=\sum_{m=1}^{\infty}\sum_{n=1}^{\infty}a_{mn}\left(1-\cos\frac{2m\pi x}{a}\right)\left(1-\cos\frac{2n\pi y}{b}\right) \tag{2-18}$$

挠度函数 w 已满足固支板边界条件。为了简化计算，在以上级数中只取第一项：

$$\omega=a_{11}\left(1-\cos\frac{2\pi x}{a}\right)\left(1-\cos\frac{2\pi y}{b}\right) \tag{2-19}$$

对于小挠度薄板，板内无薄膜力，不引起板中性面的拉伸和压缩，只有弯曲应力和应变，因而只考虑弯曲和扭转变形能及中性面内的势能改变。此时有：

$$\begin{cases}\sigma_x=-\dfrac{Ez}{1-\mu^2}\cdot\left(\dfrac{\partial^2\omega}{\partial x^2}+\mu\dfrac{\partial^2\omega}{\partial y^2}\right),\varepsilon_x^z=-z\cdot\dfrac{\partial^2\omega}{\partial x^2}\\ \sigma_y=-\dfrac{Ez}{1-\mu^2}\cdot\left(\dfrac{\partial^2\omega}{\partial y^2}+\mu\dfrac{\partial^2\omega}{\partial x^2}\right),\varepsilon_y^z=-z\cdot\dfrac{\partial^2\omega}{\partial y^2}\\ \tau_{xy}=-\dfrac{Ez}{1+\mu}\cdot\dfrac{\partial^2\omega}{\partial x\partial y},\varepsilon_{xy}^z=-2z\cdot\dfrac{\partial^2\omega}{\partial x\partial y}\end{cases} \tag{2-20}$$

在薄板理论中，应以坐标为 x,y,z 的任意点的应力和应变代入线弹性体的变形能公式，但根据直线法假设，任意点的剪应变 γ_{zx} 和 γ_{zy} 等于零，并认为 σ_z 可以省略，则薄板应变能变化量为：

$$U=\frac{1}{2}\iiint(\sigma_x\varepsilon_x^z+\sigma_y\varepsilon_y^z+\tau_{xy}\gamma_{xy}^z)\mathrm{d}x\mathrm{d}y\mathrm{d}z$$
$$=\frac{D}{2}\cdot\iint\left\{\left(\frac{\partial^2\omega}{\partial x^2}+\frac{\partial^2\omega}{\partial y^2}\right)-2(1-\mu)\left[\frac{\partial^2\omega}{\partial x^2}\cdot\frac{\partial^2\omega}{\partial y^2}-\left(\frac{\partial^2\omega}{\partial x\partial y}\right)^2\right]\right\}\mathrm{d}x\mathrm{d}y \tag{2-21}$$

其中：

$$\iint\left(\frac{\partial^2\omega}{\partial x\partial y}\right)^2\mathrm{d}x\mathrm{d}y=\iint\frac{\partial^2\omega}{\partial x\partial y}\cdot\frac{\partial^2\omega}{\partial x\partial y}\mathrm{d}x\mathrm{d}y$$
$$=\int_{x=0}^{a}\left(\frac{\partial\omega}{\partial y}\cdot\frac{\partial^2\omega}{\partial x\partial y}\right)\mathrm{d}y-\int_{y=0}^{b}\left(\frac{\partial\omega}{\partial y}\cdot\frac{\partial^2\omega}{\partial x^2}\right)\mathrm{d}x+\iint\frac{\partial^2\omega}{\partial y^2}\cdot\frac{\partial^2\omega}{\partial x^2}\mathrm{d}x\mathrm{d}y$$
$$=\iint\frac{\partial^2\omega}{\partial x^2}\cdot\frac{\partial^2\omega}{\partial y^2}\mathrm{d}x\mathrm{d}y \tag{2-22}$$

将式(2-22)代入式(2-21)得：

$$U=\frac{D}{2}\iint\left(\frac{\partial^2\omega}{\partial x^2}+\frac{\partial^2\omega}{\partial y^2}\right)^2\mathrm{d}x\mathrm{d}y \tag{2-23}$$

积分得：

$$U=2a_{11}^2\pi^4abD\left(\frac{3}{a^4}+\frac{3}{b^4}+\frac{2}{a^2b^2}\right) \tag{2-24}$$

对于上覆均匀载荷为 q 的薄板，其上覆载荷的势能为：

$$\omega=-\iint q\omega\mathrm{d}x\mathrm{d}y=-a_{11}q\iint\left(1-\cos\frac{2\pi x}{a}\right)\left(1-\cos\frac{2\pi y}{b}\right)\mathrm{d}x\mathrm{d}y=-a_{11}qab \tag{2-25}$$

于是板的总势能为：

$$\Pi=U-\iint q\omega\mathrm{d}x\mathrm{d}y=2a_{11}^2\pi^4abD\left(\frac{3}{a^4}+\frac{3}{b^4}+\frac{2}{a^2b^2}\right)-a_{11}qab \tag{2-26}$$

根据最小势能原理：

$$\frac{\mathrm{d}\Pi}{\mathrm{d}a_{11}}=0$$

即

$$4a_{11}^2\pi^4abD\left(\frac{3}{a^4}+\frac{3}{b^4}+\frac{2}{a^2b^2}\right)-a_{11}qab=0 \tag{2-27}$$

由此根据式(2-27)求出 a_{11}，并将其代入式(2-23)，得：

$$\omega=\frac{q}{4\pi^4D\left(\frac{3}{a^4}+\frac{3}{b^4}+\frac{2}{a^2b^2}\right)}\cdot\left(1-\cos\frac{2m\pi x}{a}\right)\left(1-\cos\frac{2n\pi y}{b}\right) \tag{2-28}$$

对于单一薄板 $m=1,n=1$，由此可得其挠度表达式：

$$\omega=\frac{q}{4\pi^4D\left(\frac{3}{a^4}+\frac{3}{b^4}+\frac{2}{a^2b^2}\right)}\cdot\left(1-\cos\frac{2\pi x}{a}\right)\left(1-\cos\frac{2\pi y}{b}\right) \tag{2-29}$$

其中：

$$D=\frac{Et^3}{12(1-\mu^2)} \tag{2-30}$$

式中 q, D, E——板的均布载荷、抗弯刚度和弹性模量；

a, b, t——板的几何尺寸(长、宽、厚度)。

弹性板弯矩与挠度存在如下关系：

$$\begin{cases} M_x = -D \cdot \left(\dfrac{\partial^2 \omega}{\partial x^2} + \mu \dfrac{\partial^2 \omega}{\partial y^2}\right) \\ M_y = -D \cdot \left(\dfrac{\partial^2 \omega}{\partial y^2} + \mu \dfrac{\partial^2 \omega}{\partial x^2}\right) \end{cases} \tag{2-31}$$

由此，可根据式(2-30)和式(2-31)得出均匀载荷作用下四边固支岩板所受的弯矩：

$$\begin{cases} M_x = -\dfrac{q}{\pi^2\left(\dfrac{3}{a^4}+\dfrac{3}{b^4}+\dfrac{2}{a^2b^2}\right)} \cdot \left[\dfrac{1}{a^2}\cos\dfrac{2\pi x}{a}\left(1-\cos\dfrac{2\pi y}{b}\right)+\dfrac{\mu}{b^2}\cdot\cos\dfrac{2\pi y}{b}\left(1-\cos\dfrac{2\pi x}{a}\right)\right] \\ M_y = -\dfrac{q}{\pi^2\left(\dfrac{3}{a^4}+\dfrac{3}{b^4}+\dfrac{2}{a^2b^2}\right)} \cdot \left[\dfrac{1}{b^2}\cos\dfrac{2\pi y}{b}\left(1-\cos\dfrac{2\pi x}{a}\right)+\dfrac{\mu}{a^2}\cdot\cos\dfrac{2\pi x}{a}\left(1-\cos\dfrac{2\pi y}{b}\right)\right] \end{cases} \tag{2-32}$$

根据式(2-32)可以得出四边固支岩板的弯矩 M_x、M_y 的最大值处在 $x=a/2$、$y=b/2$ 处，且最大值为：

$$\begin{cases} M_x\big|_{\max} = -\dfrac{2q}{\pi^2\left(\dfrac{3}{a^4}+\dfrac{3}{b^4}+\dfrac{2}{a^2b^2}\right)} \cdot \left(\dfrac{1}{a^2}+\dfrac{\mu}{b^2}\right) \\ M_y\big|_{\max} = -\dfrac{2q}{\pi^2\left(\dfrac{3}{a^4}+\dfrac{3}{b^4}+\dfrac{2}{a^2b^2}\right)} \cdot \left(\dfrac{1}{b^2}+\dfrac{\mu}{a^2}\right) \end{cases} \tag{2-33}$$

将式(2-33)进一步处理为 b/a 的形式，并将 b/a 记作符号 x，则有：

$$\begin{cases} M_x\big|_{\max} = -\dfrac{2qb^2}{\pi^2} \cdot \dfrac{\mu + x^2}{3x^4+2x^2+3} \\ M_y\big|_{\max} = -\dfrac{2qb^2}{\pi^2} \cdot \dfrac{1+\mu x^2}{3x^4+2x^2+3} \end{cases} \tag{2-34}$$

由于弹性岩板正应力与弯矩的关系为：

$$\sigma_x = -z\frac{12M_x}{t^3}, \sigma_y = -z\frac{12M_y}{t^3} \tag{2-35}$$

由此，根据式(2-34)和式(2-35)，可以得到弹性岩板的最大正应力出现在 $z=\pm t/2$ 处，由此得最大正应力表达式：

$$\begin{cases} \sigma_x\big|_{\max} = -\dfrac{12qb^2}{\pi^2 t^2} \cdot \dfrac{\mu + x^2}{3x^4+2x^2+3} \\ \sigma_y\big|_{\max} = -\dfrac{12qb^2}{\pi^2 t^2} \cdot \dfrac{1+\mu x^2}{3x^4+2x^2+3} \end{cases} \tag{2-36}$$

在给定物理力学性质的厚硬岩层条件下，厚硬岩层发生破断的力学机制可能有两种：a. 拉张破断；b. 剪切破断。考虑岩石材料的抗拉强度远小于抗剪强度，则可以认为当岩板的应力分量最大值超过岩层的抗拉强度时，岩层就开始破裂，即

$$\sigma_x\big|_{\max} \geqslant \sigma_t \text{ 或 } \sigma_y\big|_{\max} \geqslant \sigma_t \tag{2-37}$$

式中 σ_t——岩层的抗拉强度。

由此可以得到不同 b/a 条件下的厚硬岩层应力分布，然后根据式(2-36)和式(2-37)确定厚硬岩层发生破断时对应的岩板几何尺寸 a、b。

(2) 离层下位岩层破断时对应进尺计算

由此，可由式(2-36)、式(2-37)求解出岩板初次破断时所对应的岩板几何尺寸 a、b，要计算岩板初次破断时所对应的工作面推进距离，如图 2-28 所示，还需要考虑岩层破断角的影响。

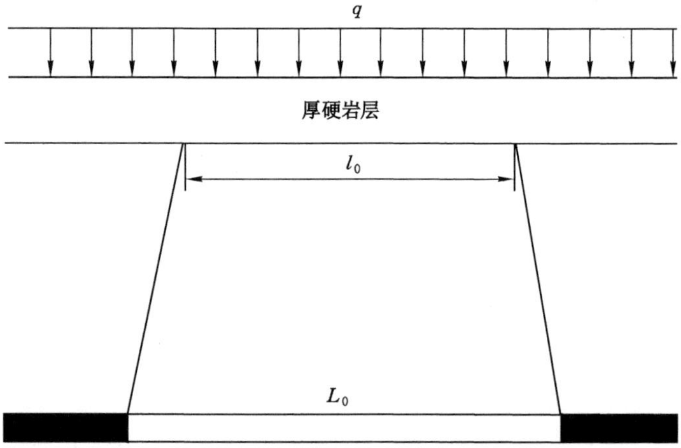

图 2-28　厚硬岩层极限破断距计算模型

假设厚硬岩层上承受的上覆基岩和第四系松散层的重力形成的均布载荷为 q，岩层的厚度为 t，其与煤层之间的岩层厚度为 H，煤层采高为 M，顶板岩层的破断角为 β，则厚硬岩层初次破断时的跨距为 l_0，由于顶板岩层破断角的影响，此时对应的工作面开采距离为 L_0，且存在如下关系：

$$L_0 = l_0 + 2H\cot\beta \tag{2-38}$$

由此，根据式(2-38)可最终确定厚硬岩层的极限破断距。根据 K55 钻孔资料，将导水裂缝带以上洛河组底界面Ⅲ号离层以下岩体简化为一层岩板，厚度约 80 m，H 取导水裂缝带高度 242 m，计算得出其在受到 3 MPa 洛河组水压的情况下所受载荷 q 约为 4.7 MPa，最大抗拉强度 σ_t 取 6.5 MPa，泊松比 μ 取 0.15，岩层的破断角 β 取 52°，b 取工作面斜长 290 m。

将上述参数代入式(2-37)可得到最大正应力的计算公式，然后根据具体的应力状态可获得岩板达到极限抗拉应力值时($\sigma_x \geqslant \sigma_t$)所对应的岩板破断距 $l_0=166.3$ m。

利用式(2-38)计算得出岩板破断时工作面的推进距离 $L_0=544.4$ m，计算结果与 $221_{上}06$A 工作面此次异常突水时工作面进尺 558 m 基本吻合。

2.3.4　离层体积计算

依据薄板弹性力学理论，结合工作面尺寸，可知工作面推进长度远大于煤层及其上覆各岩层的分层厚度，由此可将煤层上覆各岩层看作由薄板叠加组合而成，即将工作面煤层及其上覆各岩层看作薄板。因而，采场顶板中发育的各离层间隙量即离层上下位岩层板的挠度差 $\Delta w = w_{下} - w_{上}$。

而根据弹性薄板理论，应用 Ritz 法可求得受均布横向载荷四边固支的弹性薄板挠度的一级近似解：

$$\omega = \frac{qa^4}{4\pi D^4\left[3+3\left(\frac{a}{b}\right)^4+2\left(\frac{a}{b}\right)^2\right]}\left(1-\cos\frac{2\pi x}{a}\right)\left(1-\cos\frac{2\pi y}{b}\right) \tag{2-39}$$

$$D = \frac{Et^3}{12(1-\mu^2)}$$

即两板间的挠度差为：

$$\Delta\omega = \frac{a^4}{4\pi D^4\left[3+3\left(\frac{a}{b}\right)^4+2\left(\frac{a}{b}\right)^2\right]}\left(\frac{q_{下}}{D_{下}}-\frac{q_{上}}{D_{上}}\right)\left(1-\cos\frac{2\pi x}{a}\right)\left(1-\cos\frac{2\pi y}{b}\right) \tag{2-40}$$

当 $x=\frac{a}{2}, y=\frac{b}{2}$ 时，岩层板中央挠度差取得最大值，为：

$$\Delta\omega_{\max} = \frac{a^4}{4\pi D^4\left[3+3\left(\frac{a}{b}\right)^4+2\left(\frac{a}{b}\right)^2\right]}\left(\frac{q_{下}}{D_{下}}-\frac{q_{上}}{D_{上}}\right) \tag{2-41}$$

则离层空间的体积 V 为：

$$\begin{aligned} V &= \iint_{\Omega}\Delta\omega\,\mathrm{d}x\mathrm{d}y \\ &= \frac{a^4}{4\pi D^4\left[3+3\left(\frac{a}{b}\right)^4+2\left(\frac{a}{b}\right)^2\right]}\left(\frac{q_{下}}{D_{下}}-\frac{q_{上}}{D_{上}}\right)\times\int_0^a\left(1-\cos\frac{2\pi x}{a}\right)\mathrm{d}x\int_0^b\left(1-\cos\frac{2\pi y}{b}\right)\mathrm{d}y \\ &= \frac{a^4}{4\pi D^4\left[3+3\left(\frac{a}{b}\right)^4+2\left(\frac{a}{b}\right)^2\right]}\left(\frac{q_{下}}{D_{下}}-\frac{q_{上}}{D_{上}}\right)ab = \frac{1}{4}\Delta\omega_{\max}ab \end{aligned} \tag{2-42}$$

式中　q, D, E——板的横向均布载荷、抗弯刚度和弹性模量；

$q_{上}, D_{上}, q_{下}, D_{下}$——对应离层上位岩层和下位岩层的横向均布载荷和板的抗弯刚度；

a, b, t——板的几何尺寸(长、宽、厚度)。

用式(2-42)计算洛河组与安定组交界面的Ⅲ号离层最大体积，如图 2-29 所示，将Ⅱ、Ⅲ号离层与Ⅲ、Ⅳ号离层间岩体分别简化为一层岩板，作为Ⅲ号离层上、下位岩层挠度计算对象，则离层上位岩层受到载荷为 0.62 MPa，下位岩层在洛河组水压作用条件下受到载荷为 4.07 MPa，弹性模量 E 分别取 12.3 MPa、11.5 MPa，a 取 290 m，t 分别取 28.25 m 和 48.89 m，b 取岩层破断距 166.3 m，代入式(2-41)计算得岩层板挠度差 $\Delta\omega_{\max}$ 为 4.58 m，则离层最大体积为 55 264.2 m^3，略小于此次异常突水中的涌水量(77 628.96 m^3)，这是由于Ⅲ号离层下部还有若干小型离层，所以实际涌水量包含了Ⅲ号离层下部的若干小型离层里的积水。

此次 $221_{上}$06A 工作面异常突水，按实测裂采比计算导水裂缝带高度为 242 m，不会沟通洛河组砂岩底部离层区积水，但由于离层区积水的载荷传递作用，下部导水裂缝带与离层之间的岩层发生破断，使得顶板导水裂缝带高度异常发育，沟通了离层区积水，这是引发 $221_{上}$06A 工作面异常突水的原因。

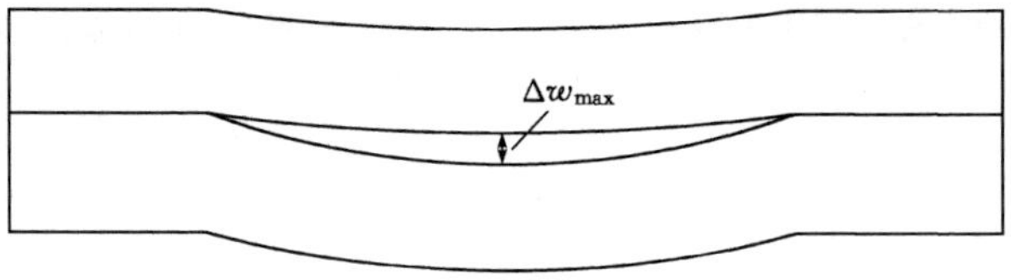

图 2-29　离层最大体积计算模型示意图

综上所述,基于改进后的离层判别方法,判定 $221_{上}06A$ 工作面此次异常突水是洛河组与安定组交界面的Ⅲ号离层突水所致,这一判别结果与实际情况一致;基于薄板理论计算得出进尺为 544.4 m 时Ⅲ号离层下位岩层破断诱发离层突水,这一计算结果与 $221_{上}06A$ 工作面此次异常突水时工作面进尺 558 m 基本吻合;基于薄板理论计算得出Ⅲ号离层的最大体积为 55 264.2 m^3,略小于此次异常突水总量,但符合实际情况。

3　综采/综放开采工作面离层水害形成机理研究

3.1　覆岩可积水离层形成机制以及判别方法

3.1.1　采动覆岩离层形成机理

岩层移动理论及顶板实测结果表明：由于含煤地层呈层分布，岩层间发育有层理面（不同岩性交界面或相同岩性内各分层间），层理面黏结强度较弱，尤其是不同岩性间的层理面，属岩层间的软弱结构面；在工作面煤层回采时，随着煤层开采、工作面推进，采空区煤层上覆顶板岩层由下往上依次发生下沉甚至垮塌，但上覆各岩层下沉速率并不完全一致，初始呈越向上越慢的特点，后期则刚好相反，因而煤层回采初期在岩层间将出现拉应力，而岩层间层理面的黏结强度较弱、抗拉能力差，即在部分岩层间或内部分层间发生分离，继而形成离层裂隙或空间；而在后期，上位岩层下沉速率较快，先期发育的离层裂隙或空间将减小乃至闭合。

"压力拱理论"认为：在煤层开采过程中，采场顶板岩层存在压力平衡拱（图 3-1）；平衡拱使得拱上岩体的重力不对拱下岩体加载，在满足拱板式平衡结构条件下，拱内上覆岩层重力将由平衡拱传至拱脚（采空区边界），下位已失去支撑的岩层并不受上位岩层的压力作用，只在自重作用下产生弯曲下沉；此时若下位已失去支撑的岩层在自重作用下产生于岩层面间的拉应力或剪应力超过相应的抗拉强度或抗剪强度，则在不同岩层的联结界面处将会形成离层，并由单一化发展成沿多层面的空间簇，即"离层带"。

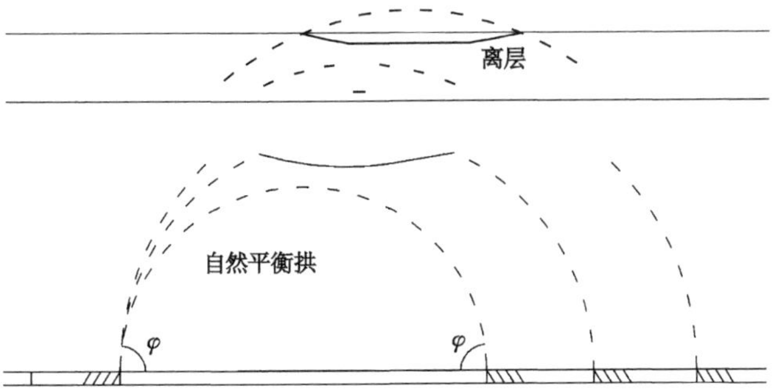

图 3-1　覆岩离层产生的力学结构

随着采空区的不断扩大，这个平衡拱将交替产生破坏、平衡，以梁（板）拱交替的形式将开采效应向上位岩体中传播，拱的前脚不断前移，拱的范围不断扩大，即这种拱梁式的平衡将规则地发生失稳—平衡—再失稳—再平衡交替变化过程（图 3-2），当开采尺寸接近充分采动条件时，压力平衡拱将达到极限状态（最大范围），称之为极限拱，极限拱拱高一般为(0.5～0.7)H(H为采深)；而随着这一过程的进行，采场顶板离层也在工作面的横向和纵向上动态发育。

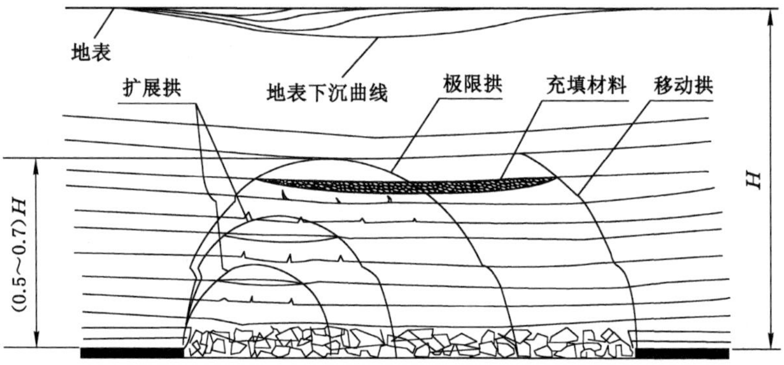

图 3-2　覆岩压力平衡拱演化过程

综上可知，采场顶板岩层中离层发育的基本力学条件可以归结为：下位岩层在自重作用下产生于岩层面间的拉应力或剪应力超过相应的抗拉强度或抗剪强度；而上下位岩层间存在拉应力或剪应力则说明上下位岩层在向采空区方向移动的过程中存在张拉或错动位移（不协调变形）。

3.1.2　覆岩可积水离层层位判别方法

离层为离层水发育的先决条件，而采场覆岩中发育离层，并不一定能发育（形成）离层水。也就是说，煤层开采后顶板发育了离层，而能否形成离层积水，则还受其他因素的影响。

(1) 可积水离层发育位置

目前，虽然国内关于离层水的研究成果较少，但在离层及离层注浆减沉方面研究成果颇多；离层注浆经验表明，离层注浆减沉仅能用于“封闭的离层空间”，而若离层空间发育于煤层采后的裂缝带或与裂缝带相连通时，该离层空间则不具备离层注浆减沉的效应，且该离层空间注浆时浆液易于下渗至工作面或井下，危及工作面的安全。即通常可进行离层注浆的层位满足式(3-1)：

$$H \geqslant H_{导} + H_{压} + H_{保} \tag{3-1}$$

式中　H——注浆层位至煤层的距离，m；

$H_{导}$——煤层采后导水裂缝带高度，m；

$H_{压}$——离层充填带下位岩层竖向水力压裂裂缝长度，m；

$H_{保}$——保护层厚度，m。

同样，对于可积水离层而言，其离层空间也必须是相对“封闭的”，尤其是在采场一侧，不能与下部采场相导通。即形成离层水的离层空间不能发育于采场导水裂缝带中，而应分布于整体移动带中，且不能与下部的导水裂缝带相导通（即在离层空间下部分布有一定厚度、较为完整的相对隔水层），即可积水离层的位置应满足（图 3-3）：

$$H > H_{导} \tag{3-2}$$

否则进入离层空间内的水体将直接下渗至下部采场，无法积水而形成离层水（积水）。

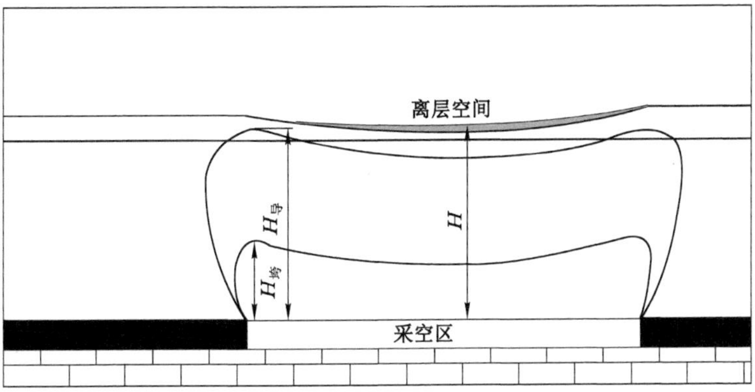

图 3-3　可积水离层发育位置示意图

（2）离层补给水源

采场顶板离层水由离层积水而成，在离层满足“相对封闭”要求后，离层需接受周边含水层或水体的补给充水方可实现积水，才可发育形成离层水，因而，离层周边发育离层补给水源也是离层水形成的基本条件之一。

综上可知，在形成相对封闭的离层后，离层空间还需接受周边含水层的补给才可积水而形成离层水，即离层周边发育有含水层且能对其进行补给；而若周边含水层不能对离层进行补给，此时相对封闭的离层将形成“真空离层”。至此，若覆岩离层为可积水离层，并具备离层补给水源，则表明该离层可发育离层水，具备离层水形成的基本条件。

3.2　$221_上08$ 工作面高位离层水害研究

3.2.1　工作面概况

$221_上08$ 工作面位于 221 盘区，在煤矿副井以东位置，西邻发生过离层水突水的 $221_上06A$ 工作面。工作面长 3 220 m，宽 290 m，开采延安组 2 煤，平均采厚 10 m，采深 650 m（图 3-4）。

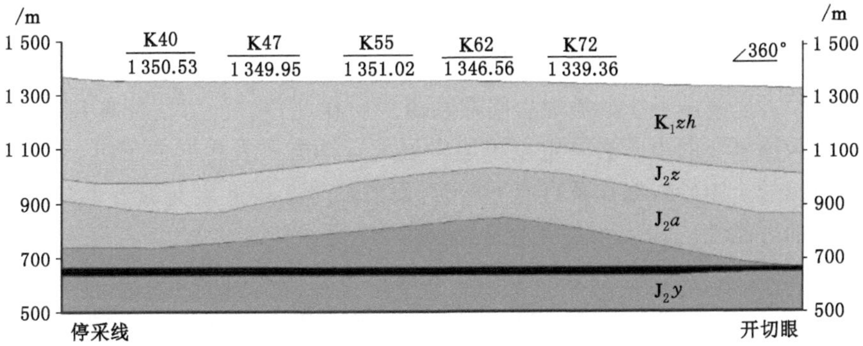

图 3-4　石拉乌素矿 $221_上08$ 工作面南北向剖面图

221 盘区煤层开采的直接充水含水层为侏罗系延安组煤系裂隙含水层和直罗组砂岩裂隙含水层；白垩系志丹群洛河组砂岩含水层为其间接充水含水层，富水性中等，对煤层开采构成较大威胁。洛河组砂岩底部与安定组界面处易形成离层,威胁工作面安全开采,且由 $221_{上}$06A 工作面开采经验可知,$221_{上}$08 工作面顶板离层水害隐患较大,所以开展 $221_{上}$08 工作面高位水害研究,对于石拉乌素煤矿安全生产具有重要的理论意义和工程实践价值。

3.2.2 高位离层发育理论预计

根据 $221_{上}$08 工作面内及附近钻孔揭露的地层结构进行覆岩可积水离层发育层位理论判别。根据矿方提供的资料,$221_{上}$08 工作面内无钻孔资料,为保证预测的准确性,取 $221_{上}$08 工作面附近的 K40、K47、K48、K55、K62、K63、K72 及补 1-1 钻孔地层资料为参考。其中 K40、K47、K55、K62、K72 及补 1-1 钻孔所连的直线近似与 $221_{上}$08 工作面平行(图 3-5),可作为主要的可积水离层预计依据。另以 K48、K63 钻孔作为验证。

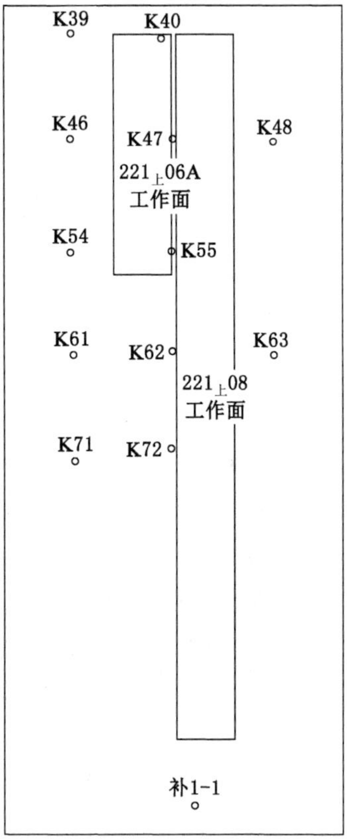

图 3-5 石拉乌素矿 $221_{上}$08 工作面位置及附近钻孔

由首采面光纤监测成果可知,在距地表埋深 180～250 m 处,即洛河组内部出现疑似离层带现象,证明地表埋深 180 m 以下的岩层已进入压力拱影响范围内,压力拱发育高度至少为 650 m－180 m＝470 m。为安全起见,取极限拱拱高为 0.7 倍采深。

(1) 基于 K40 钻孔的计算

K40 钻孔位于 $221_{上}$06A 工作面,距离 $221_{上}$08 工作面约 70 m 处,钻孔孔口坐标为 X:4 320 968.43 m,Y:19 382 413.15 m,该处钻孔揭露的 2-$2_{上}$煤层厚度为 5.35 m,2-$2_{中}$煤层厚度为 3.87 m,夹矸厚度为 1.56 m,故该处实际开采厚度为 10.78 m,预计导水裂缝带发育高度为 10.78×24.56＝264.76 (m)。结合钻孔地层结构,导水裂缝带将发育至直罗组上部。从该层砂岩开始对上覆岩层依次编号。另该孔处煤层埋深为 664 m,预计压力拱发育高度为 664×0.7＝464.8 (m)。即取编号 1－8 号岩层为离层发育层位预计的研究对象。

计算结果表明:$(q_1)_1=768$ kPa$>(q_2)_1=662.53$ kPa,按照传统离层发育位置预测方法则判定编号 2 中砂岩与编号 1 砂质泥岩间存在离层。在此传统的方法计算判别过程中,隐含的默认条件为编号 2 的中砂岩一定以单层岩层的运动方式发生弯曲下沉,未考虑编号 3 砂质泥岩有对编号 2 中砂岩施加垂直向下载荷,而使编号 2 中砂岩与编号 1 砂质泥岩间不具有产生离层的可能性。

实际上,$\max(q_n)_1=(q_3)_1=770.06$ kPa,表明编号 3 的砂质泥岩将和编号 1 及 2 的岩层以同一组合梁的形式弯曲下沉,岩层之间无离层产生。同时 $(q_3)_1>\max((q_4)_1,\cdots,(q_8)_1)$,表明编号 4 至 8 间的所有岩层均不能划入由第 1 层至第 m 层岩层构成的"岩层组",离层在编号 4 至 5 岩层之间产生。

同理继续对编号 5 之上岩层进行离层发育层位计算,结果表明,在编号 5 与 6 岩层之间同样存在离层。

结合钻孔结构可知，两离层均位于志丹群内部，有较好的补给水源，同时在离层与导水裂缝带之间存在两层砂质泥岩，保证了离层空间有较好的储水能力，综合判定两处离层均为可积水离层。

基于 K40 钻孔的可积水离层位置理论预计成果如表 3-1 所示。

表 3-1 可积水离层位置理论预计成果(据 K40 钻孔)

地层层序	岩层序号	岩性	厚度/m	E /GPa	$(q_n)_1$ /kPa	下部是否发育离层（传统方法）	下部是否发育离层(本研究改进后的方法)	是否可积水离层
第四系	18	表土	6.80	未进入压力拱				
安定组	17	砂泥岩	15.00					
	16	中砂岩	10.18					
	15	砂泥岩	5.60					
	14	粉砂岩	13.92					
	13	细砂岩	30.50					
	12	中砂岩	28.20					
	11	细砂岩	41.30					
	10	粉砂岩	5.35					
	9	细砂岩	33.97					
	8	中砂岩	17.53	16.60	301.28	—	—	
	7	细砂岩	31.65	12.00	285.73	—	—	
	6	中砂岩	32.52	16.60	278.16	有	—	
	5	细砂岩	44.08	13.32	293.60	有	有	是
	4	中砂岩	28.20	16.60	520.77	有	有	是
	3	砂泥岩	9.20	4.00	770.06	—	—	
	2	中砂岩	21.00	16.60	662.53	有	—	
直罗组	1	砂泥岩	32.00	5.10	768.00	—	—	
		泥岩	5.30			导水裂缝带		

(2) 基于 K48 钻孔的计算

K48 钻孔位于 $221_{上}08$ 工作面胶运巷东侧约 153 m 处，钻孔孔口坐标为 X:4 320 491.36 m，Y:19 382 957.62 m，该处钻孔揭露的 $2\text{-}2_{上}$煤层厚度为 5.42 m，$2\text{-}2_{中}$煤层厚度为 3.65 m，夹矸厚度为 1.41 m，故该处实际开采厚度为 10.48 m，预计导水裂缝带发育高度为 10.48×24.56=257.39 (m)。结合钻孔地层结构，预计导水裂缝带将发育至安定组内厚度为 30.71 m 的细砂岩处。从该层砂岩开始对上覆岩层依次编号。另该孔处煤层埋深为 659 m，预计压力拱发育高度为 659×0.7=461.3 (m)，约发育至编号 11 的细砂岩中。因此取编号 1—11 号岩层为离层发育层位预计的研究对象。

计算结果表明，$\max(q_n)_1=(q_4)_1=1\ 029.77$ kPa。若 $(q_m)_1=\max((q_1)_1,(q_2)_1,\cdots,(q_n)_1)$，且 $1\leqslant m<n$，则判定第 $m+1$ 层岩层与第 m 层岩层之间产生了离层。故判定离层发

育在编号 5 细砂岩与编号 4 中砂岩之间。同时编号 4 岩层以上所有岩层均为砂岩，有较好的对离层空间补给水源的能力；且编号 4 岩层之下的编号 2、3 岩层为巨厚砂质泥岩，可以保证离层空间有较好的储水能力，使得离层空间内的水体不至于下泄至导水裂缝带。故判定此处离层为可积水离层。

继续对编号 5 岩层之上的覆岩进行离层发育位置判别，$\max((q_5)_1,\cdots,(q_{11})_1)=(q_6)_1=$ 938.57 kPa，离层在编号 6、7 岩层间发育，该处离层同样有较好的补给水源和下位隔水层，为可积水离层。

继续对编号 7 岩层之上的覆岩进行离层发育位置判别，$\max((q_7)_1,\cdots,(q_{11})_1)=(q_{10})_1=$ 607.51 kPa，离层在编号 10、11 岩层间发育，该处离层上下位岩组均为含水层，离层与导水裂缝带间有隔水层阻隔水的下泄，判定为可积水离层。

基于 K48 钻孔的可积水离层位置理论预计成果如表 3-2 所示。

表 3-2　可积水离层位置理论预计成果(据 K48 钻孔)

地层层序	岩层序号	岩性	厚度/m	E /GPa	$(q_n)_1$ /kPa	下部是否发育离层（传统方法）	下部是否发育离层（本研究改进后的方法）	是否可积水离层
第四系	19	表土	12.04	未进入压力拱				
志丹群	18	中砂岩	26.60					
	17	细砂岩	22.24					
	16	粉砂岩	24.92					
	15	细砂岩	28.75					
	14	粉砂岩	13.20					
	13	细砂岩	28.21					
	12	粉砂岩	19.74					
	11	细砂岩	29.10	13.23	514.86	有	有	是
	10	中砂岩	8.96	16.26	607.51	—	—	
	9	细砂岩	14.43	13.23	583.36	—	—	
	8	中砂岩	13.59	16.26	557.21	—	—	
	7	细砂岩	31.98	13.23	532.45	有	有	是
	6	粉砂岩	13.22	10.00	938.57	—	—	
	5	细砂岩	19.89	13.23	876.87	—	—	
	4	中砂岩	13.40	16.26	1 029.77	有	有	是
	3	砂泥岩	11.88	5.10	1 025.57	—	—	
	2	粗砂岩	12.66	12.00	844.01	—	—	
安定组	1	砂泥岩	29.23	5.10	701.52	—	—	
		细砂岩	30.71			导水裂缝带		

(3) 基于 K63 钻孔的计算

K63 钻孔位于 $221_{\text{上}}08$ 工作面胶运巷东侧约 163 m 处，钻孔孔口坐标为 X：4 319 521.39 m，

Y:19 382 967.55 m,该处钻孔揭露的 2-2$_{上}$煤层厚度为 5 m,2-2$_{中}$煤层厚度为 3.77 m,夹 0.26 m 厚的泥岩,故该处实际开采厚度为 9.03 m,预计导水裂缝带发育高度为 9.03×24.56=221.78 (m)。结合钻孔地层结构,导水裂缝带将发育至安定组内部厚度为 20.82 m 的砂质泥岩处。从该层砂质泥岩开始对上覆岩层依次编号。另该孔处煤层埋深为 670 m,预计压力拱发育高度为 670×0.7=469 (m),约发育至编号 14 的细砂岩中。因此取编号 1—14 号岩层为离层发育层位预计的研究对象。

计算结果表明,$\max(q_n)_1=(q_6)_1=966.27$ kPa。若 $(q_m)_1=\max((q_1)_1,(q_2)_1,\cdots,(q_n)_1)$,且 $1\leqslant m<n$,则判定第 $m+1$ 层岩层与第 m 层岩层之间产生了离层。故判定离层发育在编号 6 砂质泥岩与编号 7 中砂岩之间。同时编号 6 岩层以上志丹群含水层,对离层空间有较好的补给水源能力;且编号 6 岩层与之下的编号 2、4 岩层为巨厚砂质泥岩,是隔水性能良好的隔水层。故判定此处离层为可积水离层。

同理,继续对编号 7 岩层之上的覆岩进行离层发育位置判别,判别结果见表 3-3。

表 3-3 可积水离层位置理论预计成果(据 K63 钻孔)

地层层位	岩层层序	岩性	厚度/m	E /GPa	$(q_n)_1$ /kPa	下部是否发育离层(传统方法)	下部是否发育离层(本研究改进后的方法)	是否可积水离层
第四系	23	风积砂	19.90	未进入压力拱				
洛河组	22	粉砂岩	24.44					
	21	细砂岩	31.96					
	20	粉砂岩	22.94					
	19	砂泥岩	13.35					
	18	粉砂岩	4.60					
	17	细砂岩	28.49					
	16	砂泥岩	6.20					
	15	粉砂岩	18.29					
	14	细砂岩	24.45	13.23	660.54	有	有	是
	13	粉砂岩	25.33	10.00	716.56	有	有	是
	12	中砂岩	16.02	16.26	766.65	有	有	是
	11	粉砂岩	18.05	10.00	771.10	—	—	
	10	细砂岩	12.28	13.23	758.46	—	—	
	9	粉砂岩	21.83	10.00	730.98	有	—	
	8	细砂岩	19.07	13.23	750.21	有	有	是
	7	中砂岩	21.34	16.26	775.48	有	有	是
安定组	6	砂泥岩	13.01	5.10	966.27	—	—	
	5	粉砂岩	17.64	10.00	871.50	—	—	
	4	砂泥岩	19.85	5.10	850.98	—	—	
	3	细砂岩	17.30	13.23	724.65	—	—	

表 3-3(续)

地层层位	岩层层序	岩性	厚度/m	E /GPa	$(q_n)_1$ /kPa	下部是否发育离层(传统方法)	下部是否发育离层(本研究改进后的方法)	是否可积水离层
安定组	2	砂泥岩	11.78	5.10	708.62	—	—	
	1	中砂岩	19.72	16.26	473.28	—	—	
		砂泥岩	20.82			导水裂缝带		

最终可积水离层预计结果见图 3-6 和图 3-7。

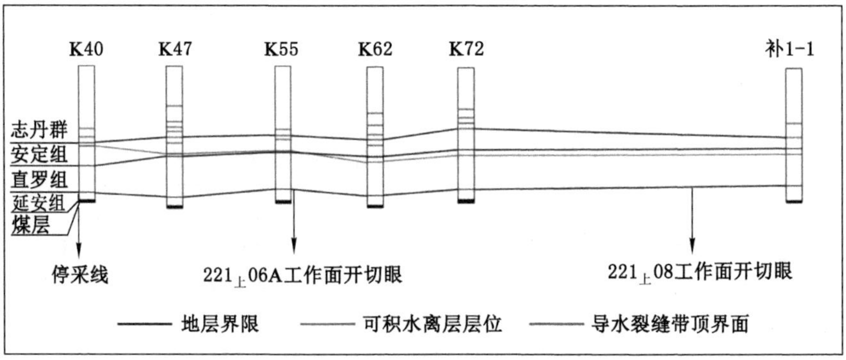

图 3-6　可积水离层位置预计成果(据 K40、K47、K55、K62、K72、补 1-1 钻孔)

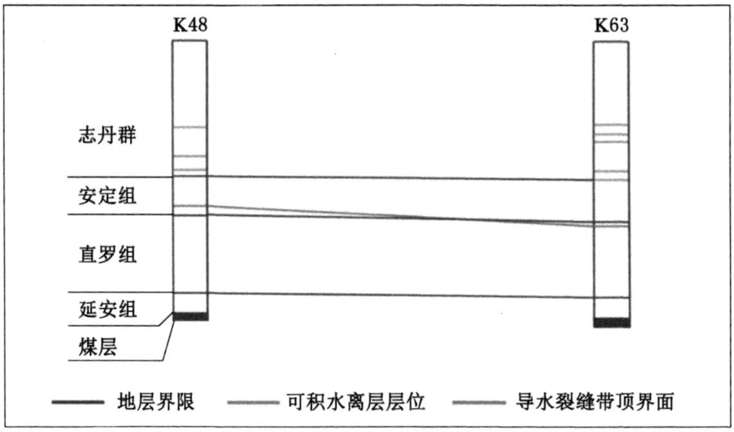

图 3-7　可积水离层位置预计成果(据 K48、K63 钻孔)

如图 3-6 及图 3-7 所示,221$_{上}$08 工作面上覆可积水离层主要集中在三个层位:安定组内部、志丹群与安定组交界面、志丹群内部。

根据矿区地质资料,安定组发育多层砂泥岩互层,总体上砂岩的分布并不连续,富水性弱,因此对安定组内部的离层空间水源补给能力弱,离层积水量将会较小;而志丹群则以砂岩为主,富水性中等,可对发育在志丹群与安定组交界处或志丹群内部的离层进行较迅速且较长时间的补给,离层积水量和危险程度极大。

$221_上06A$ 工作面 2018 年 1 月发生的离层突水共持续 14 d，其间工作面最大矿井涌水量达 931 m^3/h，离层水总量达 77 628.96 m^3，突水历时长、瞬间出水量大、突水总量大。这表明离层水水害的补给水源为一富水性较强、能对离层空间持续强补给的含水层。结合矿区水文地质结构，可以判定该补给水源为志丹群含水层。故可以判定 $221_上08$ 工作面主要离层水害隐患集中在志丹群与安定组交界面处。

3.2.3 高位离层发育数值模拟

(1) 3DEC 软件简介

3DEC(3Dimension Distinct Element Code)是一款以离散单元法作为基本理论，用以描述离散介质力学行为的计算分析程序。在天然状态下，物理介质的材料属性、宏观构造形态以及微观构造形态具有不连续的特点，表现为离散特征。离散介质在力学意义上具有不连续的特点，即在受力时产生不连续变形。岩体由不同岩性的岩块与结构面组成，在外力作用下，岩块之间通过结构面发生相互作用，岩体结构面受力超过其承载极限时，发生剪切或者拉张破坏。岩体本身明显的不连续性使得采用有限单元法等连续介质力学方法对其进行研究不具有科学性。同时，在非连续介质力学的数值方法中，离散单元法非常适合岩体的力学研究分析。

3DEC 软件针对解决物理介质的非连续问题，采用离散元方法作为基础理论对其进行求解，并以 UDEC 所使用公式作为基础，沿袭原有核心思想，将离散介质的描述由二维空间向三维空间进行扩展。3DEC 将模型处理成由块体与不连续面组成的集合体，不连续面作为块体之间的边界面，可以发生转动与位移，根据问题需要，不连续块体可以重新划分为连续块体。块体可以定义为刚性或可变形块体，可变形块体再被细分成有限差分单元的网格，每个单元根据给定的“应力-应变”准则进行响应。为了模拟不连续介质可能出现的典型特征，3DEC 针对完整体与不连续面内置多种材料特性模型。3DEC 以拉格朗日算法为基础，针对块状体系的变形与大位移具有非常好的适用性。3DEC 软件具有如下特点和优势：

① 该软件对连续介质具备力学范畴的分析能力，同时能够对接触面的非连续力学行为进行模拟。

② 该软件以离散单元法为基础，对非连续介质力学行为进行分析具有本质优势。

③ 该软件适用领域极其广泛，能够对离散介质在载荷作用下静、动态响应问题进行分析，如介质运动、大变形或破坏过程研究等。

④ 该软件内置丰富的岩土体、结构材料模型，如弹性模型、各向异性模型、莫尔-库仑模型、Drucker-Prager 模型以及蠕变模型等，用户能够根据问题需要对模型进行自定义。

⑤ 该软件可以建立由刚性或可变形块体与结构面组成的三维模型，并且允许用户实时查看三维模型的构建情况。用户可以对三维模型进行交互操作，如移动模型或者对相关区域进行隐藏，极大方便了三维模型的生成以及对结果的解释。

⑥ 该软件内置强大的 Fish 编程语言，用户可以使用编程语言编写自己需要的程序来对 3DEC 进行扩展，可实现为用户提供定制分析功能并满足用户的特定需求。

⑦ 该软件由命令语言进行驱动，虽然与菜单驱动相比学习成本较高，但是通过命令语言进行驱动具有很多优势，如工程模拟通常需要建立一系列冗长的命令，同时命令的应用受到排列顺序影响，命令语言驱动模式可以让用户轻松且准确地辨别每条命令的读取应用情

况。3DEC 命令文件可以很容易地用文本编辑器修改,多个命令文件可以被链接在一起,按顺序运行多个计算分析,非常适合进行参数敏感性研究。命令语言驱动允许用户开发预处理和后处理程序,从而根据需要操作 3DEC 进行输入与输出。

采用 3DEC 进行建模分析的求解过程如图 3-8 所示,求解过程与实际物理模型的构建过程和条件一致。

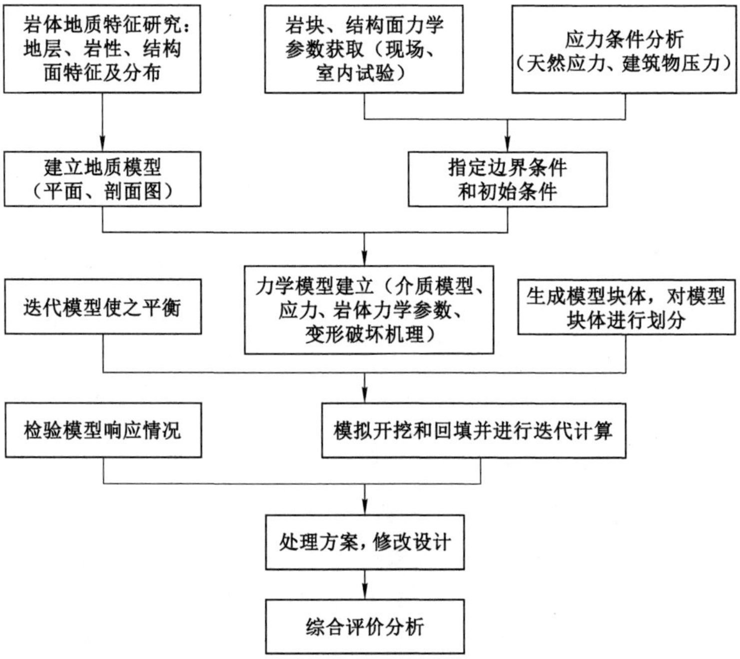

图 3-8 3DEC 软件求解步骤

(2) 模型建立

以石拉乌素煤矿 $221_{上}08$ 工作面地质条件与开采技术为研究背景,参考工作面周围钻孔柱状图,以 K72 钻孔柱状图为建模参数的主要依据,按照原始顶板岩层组合情况建立厚基岩数值模型。

模型具体指标如下:

① 模型尺寸:根据研究区工作面开采规划,设置模拟 $221_{上}08$ 工作面斜长为 290 m,计划模拟开采距离为 3 200 m。根据开采沉陷学相关公式以及模型试算,并在考虑模型计算效率情况下,在模型走向两侧各留 150 m 保护煤柱,即模型走向长度为 3 500 m。考虑相邻已开采 $221_{上}06A$ 工作面的影响,模型横向尺寸设为 700 m。根据钻孔对 2 煤埋深的揭露情况,设置模型高度为 680 m。

② 模型构成:本模型依照研究对象的工程地质条件以及矿井技术参数进行全煤岩层建模,由下至上分别为煤层底板、2-2 煤层、延安组、直罗组、安定组及志丹群,表层风积砂忽略不计。根据 $221_{上}08$ 工作面实际情况,煤层倾角变化范围为 0°～3°;为便于建模以及模拟计算,煤层倾角取 0°。根据 K72 钻孔对煤层的揭露情况,煤层采厚取 10 m。

③ 模型划分:对模型进行岩层组合与岩层内划分,形成块体单元。在完成节理划分后,通过 gen edge 命令生成四面体有限差分单元对模型中的块体进行填充,定义模型为莫尔-库

仑模型。

④ 模型参数:本次模拟选取的各层岩块力学参数如表 3-4 所示。岩体强度主要取决于节理和软弱面的强度,节理面强度参数低于实验室测得的岩块强度参数。综合考虑多方面因素,节理面强度参数取岩块强度的 1/5～1/2,节理面刚度参数通过式(3-3)和式(3-4)计算:

$$k_n = \frac{aE}{2b} \tag{3-3}$$

$$k_s = \frac{k_n}{2(1+\mu)} \tag{3-4}$$

式中 a,b——离散元块体的长度与宽度,m;

E——离散元块体的弹性模量,MPa;

μ——离散元块体的泊松比。

表 3-4 岩土层物理力学参数

岩层	密度 /(kg/m³)	体积模量 /GPa	剪切模量 /GPa	黏聚力 /MPa	内摩擦角 /(°)	抗拉强度 /MPa	泊松比
粗粒砂岩	2 686	11.46	9.32	2.70	38.71	2.85	0.18
砂质泥岩	2 430	8.06	6.30	5.30	31.06	2.44	0.19
细粒砂岩	2 470	11.11	7.32	2.60	36.82	4.03	0.23
中粒砂岩	2 583	10.61	8.97	3.90	37.66	3.50	0.17
粉泥岩	2 380	12.64	9.09	5.10	37.72	2.83	0.21
煤层	1 420	3.33	1.97	1.33	36.70	0.30	0.28

⑤ 边界条件:对模型 4 个侧面以及底面进行边界条件设置,固定模型侧面边界水平方向位移,固定底面边界垂直方向和水平方向位移,模型顶面允许自由运动。对模型施加自重应力作用下产生的水平向渐变侧向应力,使模型更符合实际开采条件。

最终建立 3DEC 三维计算模型,如图 3-9 所示。

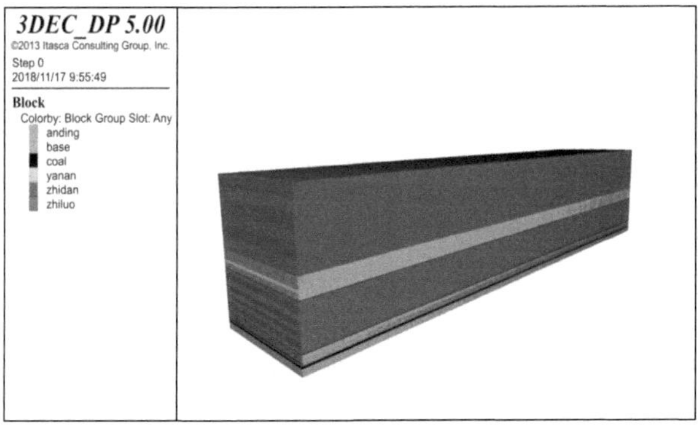

图 3-9 三维计算模型

⑥ 对模型进行逐步开挖,每次开采 10 m。利用软件对开采之后的最大不平衡力进行计算,当最大不平衡力降低至可以忽略不计时,判定模型达到平衡并保存,然后进行下一步

开挖。在模型开挖之后，依据莫尔-库仑准则判别岩石是否发生剪切破坏；根据岩石所受拉应力是否大于其抗拉强度判断是否发生拉张破坏。莫尔-库仑准则如下：

$$f_s = \sigma_1 - \sigma_3 \frac{1+\sin\varphi}{1-\sin\varphi} - 2C\sqrt{\frac{1+\sin\varphi}{1-\sin\varphi}} \tag{3-5}$$

式中 σ_1——最大主应力，MPa；

σ_3——最小主应力，MPa；

C——材料的黏聚力，MPa；

φ——材料的内摩擦角，(°)。

(3) 模拟过程

煤层开挖后，采空区从无到有并随工作面向前推进不断扩大，原本平衡的应力状态被打破，在采空区两端部出现应力集中现象，在采空区顶板出现应力降低区。随着开采步数的逐步增多，采空区面积越来越大，煤层上部岩梁的跨度越来越大，在自重应力的作用下，岩层发生变形、离层直至破断，采动裂隙由下逐步向上发育。最终煤层开采完毕后，顶板上覆岩层呈现明显的“三带”分布特征。由图 3-10 可知，受 $221_{上}06$A 工作面采空区影响，$221_{上}08$ 工作面靠近停采线约 1 000 m 范围内覆岩破坏区略有增加。

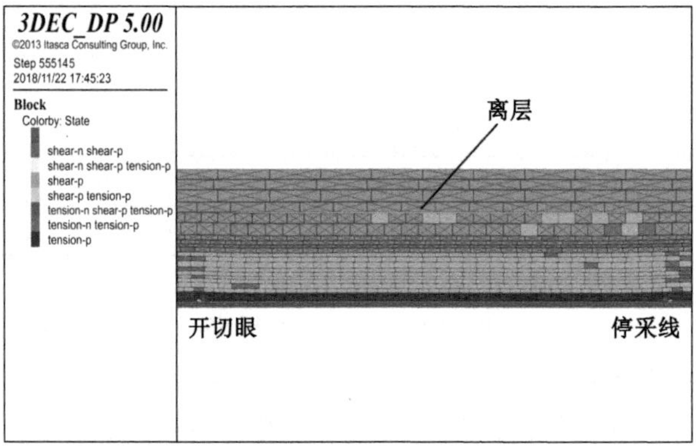

图 3-10　开采完成后顶板覆岩破坏区

图 3-11 至图 3-13 为各进尺下顶板覆岩运移图，总的来说，$221_{上}08$ 工作面顶板离层动态演化过程可以概括为以下几个阶段：

在煤层开采初期，即垮落带形成期间，上覆岩层开始以“岩层组”的形式(由单层或多层岩层组成)向下移动，离层在岩层组接触面处产生，随着工作面的继续推进，上覆岩层迅速垮落，离层空间被垂向采动裂隙贯通而消失(图 3-11)。在此期间，岩体变形破坏严重，离层量及离层尺寸均较小，离层空间存在时间较短。

垮落带发育稳定之后，采动裂隙继续向地表方向扩展，裂缝带开始发育形成。岩体具有碎胀性，破碎后岩石的体积较完整状态下会增大，随着岩体的不断垮落，采空区逐渐被充填，而在裂缝带形成发育的过程中，上覆岩层向采空区方向弯曲变形不可避免地受到下部碎胀岩块的支撑。这种来自下部碎胀岩状的支撑作用极大缓解了采动裂隙的增长幅度，离层空间存在的时间大幅增长、相应的离层尺寸和离层量均有所增加(图 3-12)，但位于裂缝带内的离层最终仍会被垂向裂隙贯穿而失去积聚水体的能力。

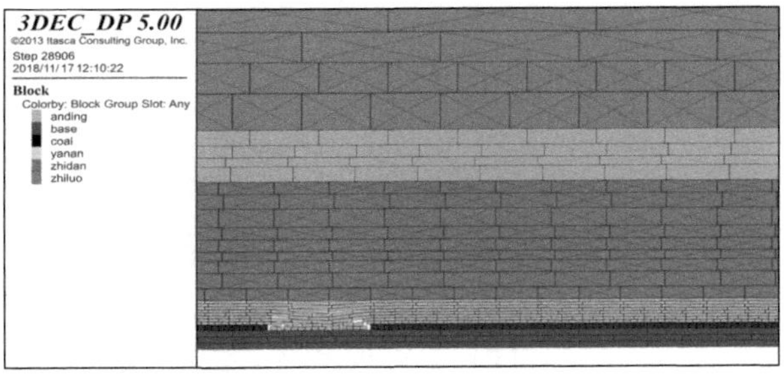

图 3-11　开采 150 m 时覆岩运移图

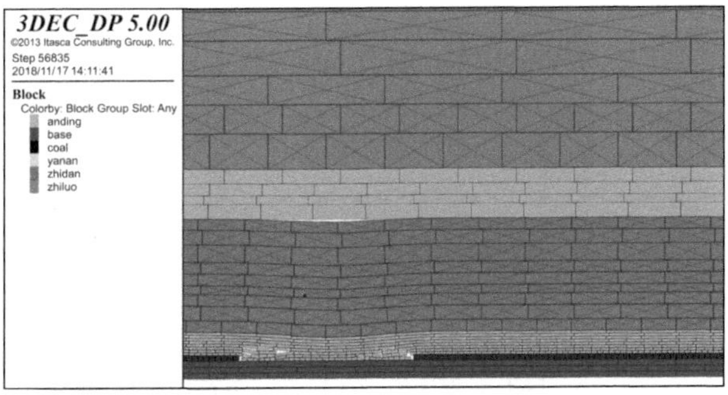

图 3-12　开采 300 m 时覆岩运移图

随着工作面继续推进，离层空间持续向上发育，当进入裂缝带顶部或者弯曲下沉带内部后，离层发育规律发生了较大变化。在该阶段的离层空间不会被垂向裂隙（即导水裂缝带）贯穿，离层的消失方式为：随着工作面进尺增加，离层下位岩组的下沉量基本保持不变，离层上位岩组的变形量逐渐增大，离层开始出现闭合，当上位岩组的变形量等于下位岩组变形量时，该处离层消失。此阶段可发育规模较大、持续时间较长、相对封闭的离层空间。

如图 3-13 所示，当工作面推进 450 m 时，离层在安定组与志丹群交界处产生。随着工作面继续推进，离层上位岩组开始缓慢变形，到进尺为 1 000 m 时，位于安定组与志丹群交界处的离层开始产生闭合趋势，同时志丹群内部一处岩层接触面被拉开，上位离层产生。工作面继续推进至进尺为 1 800 m 时，位于安定组与志丹群交界处的离层已完全闭合。接下来至回采完毕，离层只在志丹群内部产生。

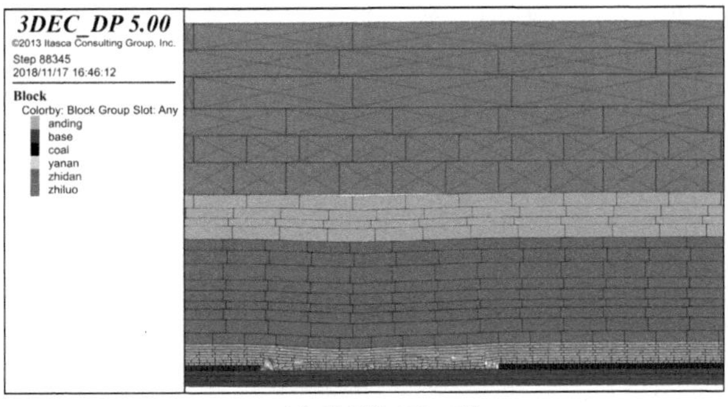

(a) 进尺为450 m时

图 3-13　不同进尺时覆岩运移图

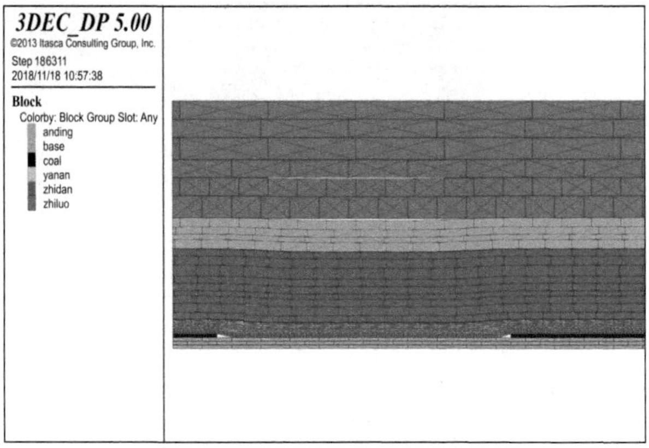

(b) 进尺为1 000 m时

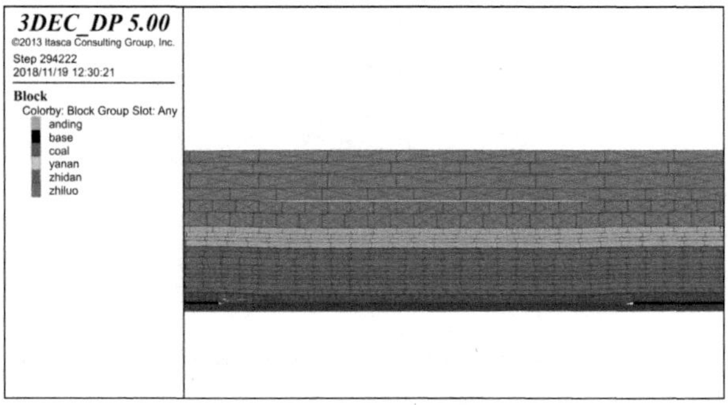

(c) 进尺为1 800 m时

图 3-13(续)

3.3 $221_{上}01$ 工作面高位离层水害研究

3.3.1 工作面概况

$221_{上}01$ 工作面位于 221 盘区北部,南侧为东翼 $2\text{-}2_{中}$辅运大巷 1、西为盘区首采面、东部为设计的 $221_{上}02$ 工作面、北侧距离 96 油气井 535 m。工作面面长为 280 m,推进长度为 2 460 m,面积为 713 400 m^2,底板标高为 686.6～700.2 m,平均为 693.4 m,平均采厚为 5 m。开展 $221_{上}01$ 工作面高位离层水害评价,对于石拉乌素煤矿安全生产具有重要的理论意义和工程实践价值。

3.3.2 高位离层发育理论预计

基于《石拉乌素煤矿 $221_{上}08$ 工作面高位水害评价报告》及本书相关章节所述原理,根据 $221_{上}01$ 工作面及附近钻孔揭露的地层结构进行覆岩可积水离层发育层位理论判别。根据矿方提供的资料(图 3-14),$221_{上}01$ 工作面北段无钻孔资料,因此只能以工作面外的 K03、K08 钻孔为判定依据;工作面南段的钻孔为 K15、K23 钻孔,作为南段顶板可积水离层理论预计的依据;同时以 K14、K16、K22、K29、K30 钻孔的判定结果为参考。

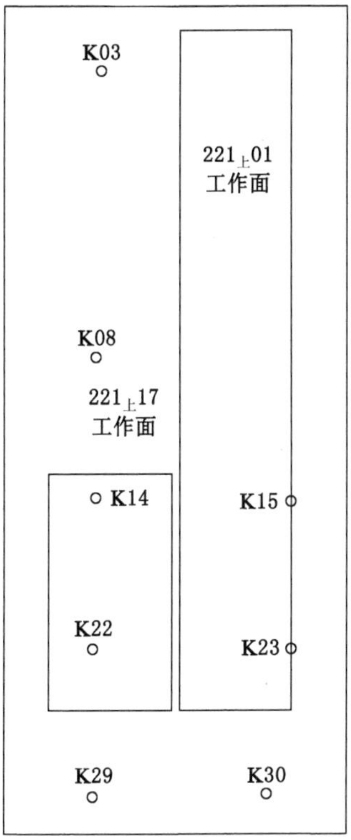

图 3-14 石拉乌素矿 221上01 工作面位置及附近钻孔

(1) 工作面南段可积水离层位置理论预计

由首采面光纤监测成果可知,在距地表埋深 180～250 m 处,即洛河组内部出现疑似离层带现象,证明地表埋深 180 m 以下的岩层已进入压力拱影响范围内,压力拱发育高度至少为 650 m－180 m＝470 m。为安全起见,取极限拱拱高为 0.7 倍采深。

① 基于 K23 钻孔的计算

K23 钻孔位于工作面南段,距停采线约 200 m,孔口坐标为 X:4 322 012.65 m,Y:19 382 485.52 m。该钻孔揭露的 $2\text{-}2_{上}$煤层厚度为 4.42 m,预计导水裂缝带发育高度为 4.42×24.56＝108.56 (m)。结合钻孔地层结构,导水裂缝带发育至直罗组内部,从该层粉砂岩开始对上覆岩层依次编号。另该钻孔处煤层埋深为 668 m,预计压力拱发育高度为 668×0.7＝467.6 (m),即取 1—29 号岩层为离层发育层位预计的研究对象。

计算结果表明,$\max(q_n)_1=(q_{21})_1=1\ 846.68$ kPa,表明编号 1—21 岩层能以同一组合梁的形式弯曲下沉,岩层之间无离层产生。同时$(q_{21})_1>\max((q_{22})_1,\cdots,(q_{29})_1)$,表明编号 22 至 29 间的岩层均不能划入由第 1 层至第 21 层岩层构成的“岩层组”,离层在编号 21 中砂岩与编号 22 细砂岩间产生。结合地层结构可知,此处离层位于志丹群含水层内部,离层空间有较好的补给水源,同时编号 21 岩层与导水裂缝带之间的安定组发育多层砂质泥岩,保证了离层空间有较好的储水能力。综合可判定此处离层为可积水离层。

同理继续对编号 22 之上岩层进行离层发育层位计算,结果表明,在编号 23 与 24 岩层之间、编号 25 与 26 岩层之间各存在一个可积水离层。综上,根据本研究修正后的可积水离层发育层位预计方法,可积水离层集中在志丹群内部。

基于 K23 钻孔的可积水离层位置理论预计成果如表 3-5 所示。

表 3-5 可积水离层位置理论预计成果(据 K23 钻孔)

地层层位	岩层序号	岩性	厚度/m	E /GPa	$(q_n)_1$ /kPa	下部是否发育离层(传统方法)	下部是否发育离层(本研究改进后的方法)	是否可积水离层
第四系	39	表土	5.10	未进入压力平衡拱				
志丹群	38	中砂岩	28.70					
	37	细砂岩	17.40					
	36	中砂岩	11.70					
	35	粗砂岩	19.20					
	34	中砂岩	22.10					
	33	细砂岩	17.50					
	32	中砂岩	19.80					
	31	细砂岩	26.50					
	30	粗砂岩	7.00					
	29	细砂岩	9.30	13.23	1 072.46	—	—	
	28	中砂岩	22.28	16.26	1 051.00	有	—	
	27	细砂岩	17.42	13.23	1 067.21	—	—	
	26	粗砂岩	26.65	12.00	1 046.80	有	有	是
	25	中砂岩	17.58	16.26	1 075.11	—	—	
	24	细砂岩	25.80	13.23	1 061.56	有	有	是
	23	中砂岩	7.50	16.26	1 100.95	—	—	
	22	细砂岩	39.75	13.23	1 074.17	有	有	是
	21	中砂岩	3.42	16.26	1 846.69	—	—	
	20	细砂岩	6.25	13.23	1 819.03	—	—	
安定组	19	砂泥岩	7.37	5.10	1 772.88	—	—	
	18	粉砂岩	7.20	10.00	1 714.17	—	—	
	17	砂泥岩	5.45	5.10	1 660.15	—	—	
	16	细砂岩	21.08	13.23	1 614.83	有	—	
	15	粗砂岩	3.82	12.00	1 698.37	—	—	
	14	砂泥岩	10.66	5.10	1 660.95	—	—	
	13	粗砂岩	20.12	12.00	1 566.26	—	—	
	12	细砂岩	5.91	13.23	1 593.55	有	—	
	11	粉砂岩	6.05	10.00	1 529.29	—	—	
	10	细砂岩	6.98	13.23	1 461.33	—	—	
	9	砂泥岩	9.10	5.10	1 387.09	—	—	

表 3-5(续)

地层层位	岩层序号	岩性	厚度/m	E /GPa	$(q_n)_1$ /kPa	下部是否发育离层(传统方法)	下部是否发育离层(本研究改进后的方法)	是否可积水离层
安定组	8	粉砂岩	13.66	10.00	1 283.75	—	—	
	7	粗砂岩	3.00	12.00	1 168.15	—	—	
	6	粉砂岩	7.30	10.00	1 129.78	—	—	
直罗组	5	中砂岩	19.44	16.26	1 042.39	—	—	
	4	砂泥岩	5.55	5.10	1 021.21	—	—	
	3	细砂岩	6.00	13.23	928.72	—	—	
	2	粉砂岩	22.44	10.00	832.25	—	—	
	1	中砂岩	25.98	16.26	623.52	—	—	
		粉砂岩	4.60			导水裂缝带		

② 基于 K15 钻孔的计算

K15 钻孔位于工作面南段，距停采线约 735 m，孔口坐标为 X：4 322 527.74 m，Y：19 382 473.13 m。该处钻孔揭露的 $2\text{-}2_上$煤层厚度为 4.85 m，预计导水裂缝带发育高度为 4.85×24.56＝119.116 (m)。结合钻孔地层结构，导水裂缝带发育至直罗组内部，从该层中砂岩开始对上覆岩层依次编号。另该孔处煤层埋深为 693 m，预计压力拱发育高度为 693×0.7＝485.1 (m)，即取 1—27 号岩层为离层发育层位预计的研究对象。

计算结果表明，$\max(q_n)_1=(q_5)_1=747.99$ kPa，表明编号 1—5 岩层能以同一组合梁的形式弯曲下沉，岩层之间无离层产生。同时$(q_5)_1>\max((q_6)_1,\cdots,(q_{27})_1)$，表明编号 6 至 27 间的岩层均不能划入由第 1 层至第 5 层岩层构成的“岩层组”，离层在编号 5 砂质泥岩与编号 6 中砂岩间产生。结合地层结构可知，此处离层位于直罗组含水层内部，离层空间有较好的补给水源，同时编号 5 岩层、编号 3 岩层及编号 1 岩层为砂质泥岩，离层空间内积聚的水体不会下泄至导水裂缝带，保证了离层空间有较好的储水能力。综合可判定此处离层为可积水离层。

基于 K15 钻孔的可积水离层位置理论预计成果如表 3-6 所示。

表 3-6 可积水离层位置理论预计成果(据 K15 钻孔)

地层层位	岩层序号	岩性	厚度/m	E /GPa	$(q_n)_1$ /kPa	下部是否发育离层(传统方法)	下部是否发育离层(本研究改进后的方法)	是否可积水离层
第四系	40	表土	16.50	未进入压力平衡拱				
志丹群	39	砂泥岩	5.50					
	38	粉砂岩	14.70					
	37	细砂岩	24.10					
	36	中砂岩	10.05					

表 3-6(续)

地层层位	岩层序号	岩性	厚度/m	E /GPa	$(q_n)_1$ /kPa	下部是否发育离层(传统方法)	下部是否发育离层(本研究改进后的方法)	是否可积水离层
志丹群	35	粉砂岩	4.40	未进入压力平衡拱				
	34	细砂岩	21.20					
	33	中砂岩	17.02					
	32	细砂岩	28.77					
	31	中砂岩	18.76					
	30	细砂岩	18.49					
	29	粉砂岩	1.90					
	28	细砂岩	20.83					
	27	粉砂岩	10.40	10.00	223.51	—	—	
	26	中砂岩	9.30	16.26	218.78	—	—	
	25	细砂岩	7.90	13.23	214.93	—	—	
	24	中砂岩	26.44	16.26	210.95	有	有	
	23	细砂岩	25.15	13.23	244.16	有	有	
	22	中砂岩	27.10	16.26	273.40	有	有	
	21	粗砂岩	6.99	12.00	372.46	有	—	
	20	细砂岩	25.30	13.23	364.74	有	有	
	19	中砂岩	17.25	16.26	494.45	有	有	
	18	细砂岩	8.30	13.23	569.24	—	—	
安定组	17	砂泥岩	6.40	5.10	559.16	—	—	
	16	细砂岩	9.40	13.23	543.57	—	—	
	15	砂泥岩	15.90	5.10	535.14	—	—	
	14	中砂岩	12.20	16.26	522.82	有	—	
	13	砂泥岩	15.00	5.10	538.39	—	—	
	12	中砂岩	12.90	16.26	520.31	有	—	
	11	砂泥岩	7.20	5.10	549.19	—	—	
	10	细砂岩	15.25	13.23	523.23	有	—	
	9	中砂岩	13.05	16.26	585.56	有	有	
	8	砂泥岩	17.86	5.10	654.63	有	有	
	7	细砂岩	10.70	13.23	679.44	有	有	
	6	中砂岩	10.63	16.26	692.67	有	有	
直罗组	5	砂泥岩	6.14	5.10	747.99	—	—	
	4	细砂岩	8.20	13.23	675.92	—	—	
	3	砂泥岩	15.10	5.10	631.38	—	—	
	2	中砂岩	5.70	16.26	563.05	—	—	
	1	砂泥岩	19.60	5.10	470.40	—	—	
		中砂岩	7.60			导水裂缝带		

结合表 3-5 与表 3-6 可知，工作面南段可积水离层位置发育在志丹群、直罗组内部两个层位，其中发育在志丹群内部的可积水离层分布连续，发育在直罗组内部的可积水离层分布不连续。为进一步确定直罗组内部可积水离层连续性，继续以相邻的 K14、K22、K30、K16 钻孔揭露的地层结构进行可积水离层发育位置理论预计。

③ 基于 K14 钻孔的计算

K14 钻孔位于首采面内，距 $221_{上}01$ 工作面辅运巷约 220 m，距 K15 钻孔 500 m，孔口坐标为 X:4 322 535.04 m，Y:19 381 974.14 m。该处钻孔揭露的 $2\text{-}2_{上}$煤层厚度为 4.98 m，预计导水裂缝带发育高度为 $4.98\times24.56=122.31$ (m)。结合钻孔地层结构，导水裂缝带发育至直罗组内部，从该层砂质泥岩开始对上覆岩层依次编号。另该孔处煤层埋深为 700 m，预计压力拱发育高度为 $700\times0.7=490$ (m)，即取 1—24 号岩层为离层发育层位预计的研究对象。

计算结果表明，$\max(q_n)_1=(q_{12})_1=641.87$ kPa，表明编号 1—12 岩层可以同一组合梁的形式弯曲下沉，岩层之间无离层产生。同时$(q_{12})_1>\max((q_{13})_1,\cdots,(q_{24})_1)$，表明编号 13 至 24 间的所有岩层均不能划入由第 1 层至第 12 层岩层构成的“岩层组”，离层在编号 12 至 13 岩层之间产生。结合钻孔结构可知，该离层位于志丹群与安定组交界处，有较好的水源补给；同时编号 12 岩层至导水裂缝带之间发育多层砂质泥岩，离层空间内积聚的水体不会下泄至导水裂缝带，保证了离层空间有较好的储水能力。综合可判定此处离层为可积水离层。

基于 K14 钻孔的可积水离层位置理论预计成果如表 3-7 所示。

表 3-7 可积水离层位置理论预计成果(据 K14 钻孔)

地层层位	岩层序号	岩性	厚度/m	E/GPa	$(q_n)_1$/kPa	下部是否发育离层（传统方法）	下部是否发育离层(本研究改进后的方法)	是否可积水离层
第四系	38	表土	5.00					
洛河组	37	细砂岩	22.86					
	36	粉砂岩	13.50					
	35	细砂岩	19.50					
	34	砂泥岩	8.19					
	33	细砂岩	7.40					
	32	砂泥岩	5.51					
	31	中砂岩	20.50	未进入压力平衡拱				
	30	细砂岩	26.52					
	29	砂泥岩	7.03					
	28	细砂岩	27.05					
	27	粉砂岩	9.00					
	26	中砂岩	25.03					
	25	细砂岩	13.55					

表 3-7(续)

地层层位	岩层序号	岩性	厚度/m	E/GPa	$(q_n)_1$/kPa	下部是否发育离层(传统方法)	下部是否发育离层(本研究改进后的方法)	是否可积水离层
洛河组	24	中砂岩	12.50	11.37	317.96	—	—	
	23	砂泥岩	7.80	5.10	310.36	—	—	
	22	中砂岩	26.75	16.65	303.72	有	有	是
	21	细砂岩	17.57	14.54	335.05	—	—	
	20	粗砂岩	4.50	13.52	332.38	—	—	
	19	细砂岩	32.23	13.78	327.53	有	有	是
	18	中砂岩	18.55	16.65	416.82	有	有	是
	17	粉砂岩	3.00	10.00	429.42	—	—	
	16	中砂岩	19.05	11.37	424.11	有	—	
	15	细砂岩	18.60	14.54	424.41	有	有	是
	14	粗砂岩	24.13	13.52	433.83	有	有	是
	13	细砂岩	24.05	13.78	501.69	有	有	是
安定组	12	砂泥岩	15.06	4.00	641.88	—	—	
	11	中砂岩	2.00	16.65	597.07	—	—	
	10	砂泥岩	14.10	11.98	588.32	—	—	
	9	细砂岩	18.36	13.78	574.99	有	—	
	8	砂泥岩	8.31	11.28	638.80	—	—	
	7	细砂岩	5.50	15.65	599.58	—	—	
	6	砂泥岩	19.62	10.10	568.84	有	—	
	5	细砂岩	12.80	14.58	619.65	—	—	
	4	砂泥岩	10.50	5.10	598.22	—	—	
	3	中砂岩	18.63	11.37	498.29	有	—	
	2	砂泥岩	6.20	5.10	556.57	—	—	
直罗组	1	细砂岩	17.38	13.78	417.12	—	—	
		砂泥岩	43.31			导水裂缝带		

④ 基于 K22 钻孔的计算

K22 钻孔位于首采面内,距 $221_上01$ 工作面辅运巷约 220 m,距 K23 钻孔 500 m,孔口坐标为 X:4 322 007.56 m,Y:19 381 973.48 m。该处钻孔揭露的 $2\text{-}2_上$煤层厚度为 4.58 m,预计导水裂缝带发育至直罗组内部,从该层砂质泥岩开始对上覆岩层依次编号。另该孔处煤层埋深为 668 m,预计压力拱发育高度为 668×0.7=467.6 (m),即取 1—20 号岩层为离层发育层位预计的研究对象。

计算结果表明，$\max(q_n)_1=(q_{13})_1=1\ 594.28$ kPa，表明编号 1—13 岩层可以同一组合梁的形式弯曲下沉，岩层之间无离层产生。同时$(q_{13})_1>\max((q_{14})_1,\cdots,(q_{20})_1)$，表明编号14 至 20 间的所有岩层均不能划入由第 1 层至第 13 层岩层构成的“岩层组”，离层在编号 13 至 14 岩层之间产生。结合钻孔结构可知，该离层位于志丹群与安定组交界处，有较好的水源补给；同时编号 13 岩层至导水裂缝带之间发育多层砂质泥岩，离层空间内积聚的水体不会下泄至导水裂缝带，保证了离层空间有较好的储水能力。综合可判定此处离层为可积水离层。

同理继续对编号 14 之上岩层进行可积水离层发育层位判定，结果见表 3-8。

表 3-8　可积水离层位置理论预计成果(据 K22 钻孔)

地层层位	岩层层序	岩性	厚度/m	E /GPa	$(q_n)_1$ /kPa	下部是否发育离层(传统方法)	下部是否发育离层(本研究改进后的方法)	是否可积水离层
第四系	36	风积砂	4.00	未进入压力平衡拱				
	35	细砂岩	5.10					
志丹群	34	砂泥岩	2.88					
	33	粉砂岩	1.31					
	32	细砂岩	16.40					
	31	粉砂岩	7.95					
	30	砂泥岩	9.88					
	29	细砂岩	17.26					
	28	砂泥岩	4.00					
	27	细砂岩	13.23					
	26	中砂岩	8.78					
	25	细砂岩	25.40					
安定组	24	粉砂岩	7.58					
	23	细砂岩	10.43					
	22	粉砂岩	14.35					
	21	细砂岩	37.68					
	20	粉砂岩	4.77	10.00	865.49	—	—	
	19	细砂岩	28.11	13.32	855.08	是	是	是
	18	中砂岩	9.03	16.65	873.90	—	—	
	17	细砂岩	37.14	13.32	855.19	—	—	
	16	中砂岩	22.16	16.65	10 003.27	是	是	是
	15	粉砂岩	41.45	10.00	1 015.76	是	是	是
	14	中砂岩	26.48	16.65	1 354.00	是	是	是
	13	砂泥岩	7.40	5.10	1 594.28	—	—	

表 3-8(续)

地层层位	岩层层序	岩性	厚度/m	E /GPa	$(q_n)_1$ /kPa	下部是否发育离层(传统方法)	下部是否发育离层(本研究改进后的方法)	是否可积水离层
直罗组	12	中砂岩	5.20	16.65	1 543.05	—	—	
	11	砂泥岩	20.14	5.10	1 508.31	—	—	
	10	中砂岩	6.70	16.65	1 421.05	—	—	
	9	粉砂岩	19.35	10.00	1 376.71	—	—	
	8	中砂岩	16.16	16.65	1 332.11	—	—	
	7	砂泥岩	11.00	5.10	1 304.87	—	—	
	6	细砂岩	7.77	13.32	1 214.05	—	—	
	5	砂泥岩	26.02	5.10	1 151.13	—	—	
	4	粉砂岩	28.71	10.00	1 029.32	是	是	是
	3	细砂岩	18.42	13.32	1 123.18	—	—	
	2	砂泥岩	21.32	5.10	1 015.79	—	—	
	1	细砂岩	28.09	13.32	674.16	—	—	
		砂泥岩	34.42			导水裂缝带		

⑤ 基于 K30 钻孔的计算

K30 钻孔位于 $221_上01$ 工作面南侧,距 $221_上01$ 工作面停采线 300 m,孔口坐标为 X:4 321 522.83 m,Y:19 382 414.75 m。该处钻孔揭露的 $2\text{-}2_上$煤层厚度为 4.85 m,预计导水裂缝带发育至直罗组内部,从该层中砂岩开始对上覆岩层依次编号。另该孔处煤层埋深为 666 m,预计压力拱发育高度为 666×0.7=466.2 (m),即取 1—21 号岩层为离层发育层位预计的研究对象。

计算结果表明,$\max(q_n)_1=(q_{14})_1=2\ 466.17$ kPa,表明编号 1—14 岩层可以同一组合梁的形式弯曲下沉,岩层之间无离层产生。同时$(q_{14})_1>\max((q_{15})_1,\cdots,(q_{21})_1)$,表明编号 15 至 21 间的所有岩层均不能划入由第 1 层至第 14 层岩层构成的“岩层组”,离层在编号 14 至 15 岩层之间产生。结合钻孔结构可知,该离层位于志丹群内部,有较好的水源补给;同时编号 14 岩层至导水裂缝带之间发育多层砂质泥岩,离层空间内积聚的水体不会下泄至导水裂缝带,保证了离层空间有较好的储水能力。综合可判定此处离层为可积水离层。

同理继续对编号 14 之上岩层进行可积水离层发育层位判定,结果见表 3-9。

⑥ 基于 K16 钻孔的计算

K16 钻孔位于设计的 $221_上05$ 工作面内,距离 $221_上01$ 工作面较远,孔口坐标为 X:4 322 544.74 m,Y:19 382 981.77 m。该处钻孔揭露的 $2\text{-}2_上$煤层厚度为 4.86 m,预计导水裂缝带发育至直罗组内部,从该层中砂岩开始对上覆岩层依次编号。另该孔处煤层埋深为 701 m,预计压力拱发育高度为 701×0.7=499.7 (m),即取 1—31 号岩层为离层发育层位预计的研究对象。

表 3-9 可积水离层位置理论预计成果(据 K30 钻孔)

地层层位	岩层层序	岩性	厚度/m	E /GPa	$(q_n)_1$ /kPa	下部是否发育离层(传统方法)	下部是否发育离层(本研究改进后的方法)	是否可积水离层
第四系	32	表土		未进入压力平衡拱				
	31	泥岩						
	30	中砂岩						
	29	泥岩						
	28	粗砂岩						
志丹群	27	粉砂岩	17.70					
	26	细砂岩	24.09					
	25	泥岩	27.68					
	24	粉砂岩	20.20					
	23	细砂岩	9.80					
	22	粉砂岩	23.22					
安定组	21	细砂岩	25.80	13.23	1 874.53	是	是	是
	20	中砂岩	33.52	16.26	7 900.42	是	是	是
	19	细砂岩	20.37	13.23	2 257.04	—	—	
	18	中砂岩	20.51	16.26	2 240.00	是	—	
	17	粉砂岩	12.33	10.00	2 256.74	—	—	
	16	细砂岩	29.91	13.23	2 179.81	是	—	
	15	粉砂岩	24.64	10.00	2 446.88	是	是	是
	14	细砂岩	1.92	13.23	2 466.17	—	—	
	13	中砂岩	18.79	16.26	2 443.69	是	—	
	12	细砂岩	9.49	13.23	2 445.38	—	—	
	11	砂泥岩	15.40	5.10	2 346.75	—	—	
	10	细砂岩	6.92	13.23	2 182.73	—	—	
	9	砂泥岩	13.88	5.10	2 099.00	—	—	
	8	细砂岩	6.22	13.23	1 938.04	—	—	
	7	砂泥岩	6.15	5.10	18 590.15	—	—	
	6	粗砂岩	28.83	12.00	1 777.25	是	—	
	5	砂泥岩	18.87	5.10	1 926.76	—	—	
	4	粉砂岩	4.52	10.00	1 644.44	—	—	
	3	砂泥岩	23.71	5.10	1 556.20	—	—	
	2	细砂岩	15.36	13.23	1 198.90	—	—	
	1	粉砂岩	38.72	10.00	929.98	—	—	
		中砂岩	2.62			导水裂缝带		

计算结果表明，$\max(q_n)_1=(q_{16})_1=1\ 129.71$ kPa，表明编号 1—16 岩层可以同一组合梁的形式弯曲下沉，岩层之间无离层产生。同时$(q_{16})_1>\max((q_{17})_1,\cdots,(q_{31})_1)$，表明编号 17 至 31 间的所有岩层均不能划入由第 1 层至第 16 层岩层构成的“岩层组”，离层在编号 16 至 17 岩层之间产生。结合钻孔结构可知，该离层位于安定组，编号 17 岩层为粉砂岩，水源补给较弱，判定为非可积水离层。

继续对编号 14 之上岩层进行可积水离层发育层位判定，结果见表 3-10。

表 3-10　可积水离层位置理论预计成果(据 K16 钻孔)

地层层位	岩层序号	岩性	厚度/m	E/GPa	$(q_n)_1$ /kPa	下部是否发育离层(传统方法)	下部是否发育离层(本研究改进后的方法)	是否可积水离层
志丹群	31	粉砂岩	15.31	10.00	464.36	—	—	
	30	细砂岩	14.57	13.23	457.39	—	—	
	29	粉砂岩	10.32	10.00	452.96	—	—	
	28	细砂岩	21.28	13.23	442.70	是	—	
	27	中砂岩	5.13	16.26	463.30	—	—	
	26	细砂岩	22.59	13.23	456.17	是	是	是
	25	中砂岩	2.60	16.26	492.73	—	—	
	24	细砂岩	32.15	13.23	488.07	是	—	
	23	中砂岩	14.15	16.26	849.81	是	是	是
	22	细砂岩	18.85	13.23	889.43	是	是	是
	21	粉砂岩	10.96	10.00	1 042.52	—	—	
	20	细砂岩	13.09	13.23	1 028.17	是	是	是
	19	砂质泥岩	9.01	5.10	1 061.53	—	—	
	18	中砂岩	2.39	16.26	1 020.70	—	—	
	17	粉砂岩	17.60	10.00	1 006.76	是	是	否
	16	砂泥岩	7.40	5.10	1 129.71	—	—	
安定组	15	中砂岩	9.50	16.26	1 082.67	—	—	
	14	砂泥岩	6.10	5.10	1 079.98	—	—	
	13	粉砂岩	2.87	12.00	1 034.71	—	—	
	12	砂泥岩	5.23	5.10	1 011.85	—	—	
	11	细砂岩	2.45	13.23	971.11	—	—	
	10	粗砂岩	6.48	15.00	951.18	—	—	
	9	粉砂岩	5.71	10.00	915.29	—	—	
	8	中砂岩	3.46	16.26	874.14	—	—	
	7	砂泥岩	8.70	5.10	846.74	—	—	
	6	泥岩	21.00	4.00	784.03	—	—	
	5	细砂岩	11.92	13.23	746.40	—	—	
	4	砂泥岩	19.98	5.10	723.10	—	—	
直罗组	3	细砂岩	3.03	13.23	681.53	—	—	
	2	砂泥岩	13.91	5.10	624.00	—	—	
	1	细砂岩	17.30	13.23	415.20	—	—	
		砂泥岩	32.93			导水裂缝带		

综合上述可积水离层位置预计结果，可以得出以下两点结论：

① 工作面南段可积水离层位置主要发育在志丹群内部、志丹群与安定组交界处，离层空间补给水源为志丹群含水层。

② 在 K15 钻孔处及其周围一定范围内，直罗组内部存在可积水离层现象，离层补给水源为直罗组含水层。该处离层的影响范围较小，在周边钻孔处均未出现。

(2) 工作面北段可积水离层位置理论预计

由于 $221_{上}01$ 工作面自开切眼至 K15 钻孔之间约 1 600 m 范围没有钻孔勘探资料，可积水离层发育位置无法准确预计。以工作面西侧距离约 250 m 的 K03、K08 钻孔为参考。计算过程见下文。

① 基于 K03 钻孔的计算

K03 钻孔孔口坐标为 X:4 324 019.48 m，Y:19 381 981.9 m。该处钻孔揭露的 $2\text{-}2_{上}$煤层厚度为 4.68 m，预计导水裂缝带发育至直罗组内部，从该层中砂岩开始对上覆岩层依次编号。另该孔处煤层埋深为 684 m，预计压力拱发育高度为 $684\times0.7=478.8$ (m)，即取 1—20 号岩层为离层发育层位预计的研究对象。

计算结果表明，$\max(q_n)_1=(q_6)_1=1\ 121.84$ kPa，表明编号 1—6 岩层可以同一组合梁的形式弯曲下沉，岩层之间无离层产生。同时$(q_6)_1>\max((q_7)_1,\cdots,(q_{20})_1)$，表明编号 7 至 20 间的所有岩层均不能划入由第 1 层至第 6 层岩层构成的“岩层组”，离层在编号 6 至 7 岩层之间产生。结合钻孔结构可知，该离层位于直罗组，其上位岩层为砂质泥岩，下位岩层为粉砂岩，水源补给较弱，判定为非可积水离层。

继续对编号 7 之上岩层进行可积水离层发育层位判定，结果见表 3-11。

表 3-11　可积水离层位置理论预计成果(据 K03 钻孔)

<table>
<tr><th>地层层位</th><th>岩层序号</th><th>岩性</th><th>厚度/m</th><th>E /GPa</th><th>$(q_n)_1$ /kPa</th><th>下部是否发育离层（传统方法）</th><th>下部是否发育离层(本研究改进后的方法)</th><th>是否可积水离层</th></tr>
<tr><td rowspan="4">第四系</td><td>29</td><td>表土</td><td>10.70</td><td colspan="5" rowspan="9">未进入压力平衡拱</td></tr>
<tr><td>28</td><td>细砂岩</td><td>25.30</td></tr>
<tr><td>27</td><td>砂泥岩</td><td>26.96</td></tr>
<tr><td>26</td><td>中砂岩</td><td>13.18</td></tr>
<tr><td rowspan="9">志丹群</td><td>25</td><td>细砂岩</td><td>24.72</td></tr>
<tr><td>24</td><td>中砂岩</td><td>25.64</td></tr>
<tr><td>23</td><td>砂泥岩</td><td>13.70</td></tr>
<tr><td>22</td><td>中砂岩</td><td>31.90</td></tr>
<tr><td>21</td><td>粗砂岩</td><td>11.90</td></tr>
<tr><td>20</td><td>细砂岩</td><td>34.06</td><td>13.23</td><td>349.92</td><td>是</td><td>是</td><td>是</td></tr>
<tr><td>19</td><td>中砂岩</td><td>33.47</td><td>16.26</td><td>385.10</td><td>是</td><td>是</td><td>是</td></tr>
<tr><td>18</td><td>细砂岩</td><td>33.41</td><td>13.23</td><td>459.36</td><td>是</td><td>是</td><td>是</td></tr>
<tr><td>17</td><td>中砂岩</td><td>21.82</td><td>16.26</td><td>553.75</td><td>是</td><td>是</td><td>是</td></tr>
</table>

表 3-11(续)

地层层位	岩层序号	岩性	厚度/m	E /GPa	$(q_n)_1$ /kPa	下部是否发育离层（传统方法）	下部是否发育离层（本研究改进后的方法）	是否可积水离层
志丹群	16	细砂岩	19.59	13.23	580.30	是	是	是
	15	中砂岩	23.63	16.26	583.46	是	是	是
	14	细砂岩	28.02	13.23	647.16	是	是	是
	13	粉砂岩	15.36	10.00	817.87	—	—	
	12	细砂岩	6.44	13.23	797.12	—	—	
安定组	11	泥岩	22.20	4.00	772.63	—	—	
	10	细砂岩	5.00	13.23	724.21	—	—	
	9	砂质泥岩	18.18	5.10	701.91	—	—	
	8	细砂岩	27.93	13.23	648.31	是	是	是
	7	砂泥岩	23.11	5.10	1 094.06	是	是	否
	6	粉砂岩	14.35	10.00	1 121.84	—	—	
	5	砂泥岩	18.25	5.10	1 079.91	—	—	
	4	细砂岩	8.25	13.23	942.45	—	—	
直罗组	3	泥岩	2.43	4.00	805.84	—	—	
	2	细砂岩	3.02	13.23	748.11	—	—	
	1	砂质泥岩	28.25	5.10	678.00	—	—	
		粉砂岩	11.25			导水裂缝带		

② 基于 K08 钻孔的计算

K08 钻孔孔口坐标为 X:4 323 030.45 m，Y:19 381 968.16 m。该处钻孔揭露的 $2\text{-}2_{上}$ 煤层厚度为 4.54 m，预计导水裂缝带发育至直罗组内部，从该层中砂岩开始对上覆岩层依次编号。另该孔处煤层埋深为 720 m，预计压力拱发育高度为 $720\times0.7=504$ (m)，即取 1—22 号岩层为离层发育层位预计的研究对象。

计算结果表明，$\max(q_n)_1=(q_1)_1=1\ 121.84$ kPa，表明编号 1 岩层以单层岩层的形式弯曲下沉。同时 $(q_1)_1>\max((q_2)_1,\cdots,(q_{22})_1)$，表明编号 2 至 22 间的所有岩层均不能划入由第 1 层岩层构成的"岩层组"，离层在编号 1 至 2 岩层之间产生。结合钻孔结构可知，该离层位于直罗组与安定组交界面，离层上位岩层为砂质泥岩，下位岩层为砂质泥岩，无水源补给，判定为非可积水离层。

继续对编号 2 之上岩层进行可积水离层发育层位判定，结果见表 3-12。

综上所述，工作面北段可积水离层位置主要发育在志丹群内部、志丹群与安定组交界处，离层空间补给水源为志丹群含水层。整体上，$221_{上}01$ 工作面内的可积水离层集中在安定组与志丹群交界处、志丹群内部，补给水源为志丹群含水层；同时工作面南段 K15 钻孔附近部分区域存在直罗组离层积水现象，但不会出现大的离层积水聚集区。

表 3-12 可积水离层位置理论预计成果(据 K08 钻孔)

地层层位	岩层序号	岩性	厚度/m	E/GPa	$(q_n)_1$/kPa	下部是否发育离层(传统方法)	下部是否发育离层(本研究改进后的方法)	是否可积水离层
志丹群	22	细砂岩	24.70	13.23	179.61	是	是	是
	21	中砂岩	23.61	16.60	188.91	是	是	是
	20	粉砂岩	18.52	10.00	204.22	—	—	
	19	中砂岩	24.10	16.60	202.27	是	是	是
	18	细砂岩	8.51	13.23	226.51	—	—	
	17	粉砂岩	13.73	10.00	221.66	—	—	
	16	细砂岩	21.33	13.23	216.23	是	是	是
	15	粉砂岩	23.55	10.00	226.67	是	是	是
	14	砂泥岩	2.60	4.00	238.77	—	—	
	13	细砂岩	15.42	13.23	236.10	—	—	
	12	中砂岩	16.87	16.60	234.11	是	是	是
安定组	11	粗砂岩	23.60	12.00	240.67	是	是	是
	10	粉砂岩	24.06	10.00	275.25	是	是	否
	9	砂泥岩	11.60	5.10	322.31	—	—	
	8	粉砂岩	11.80	10.00	303.23	—	—	
	7	砂泥岩	25.94	5.10	289.52	是	—	
	6	粉砂岩	10.47	10.00	304.12	—	—	
	5	泥岩	9.35	4.00	283.66	—	—	
	4	细砂岩	13.59	16.60	256.63	—	—	
	3	粉砂岩	15.18	10.00	253.21	—	—	
直罗组	2	砂泥岩	30.51	5.10	231.49	是	是	否
	1	砂泥岩	19.01	5.10	456.24	—	—	
		细砂岩	13.50			导水裂缝带		

4 高位离层水害预测评价、防治技术研究及应用

4.1 高位离层水害预测评价

4.1.1 改进突水系数法

改进突水系数法基于离层静水压突水原理。离层水在发生静水压涌突水时，随着离层积水量增大、水头升高，对其周围岩层形成挤压或张拉作用；而离层下位完整岩层在自重及离层水作用下发生弯曲变形，其受力状态与采场底板岩层受底板承压水体的力学作用类似。据此，可引入底板突水危险性评价中的“经验突水系数法”来确定离层水在静水压下能破坏（击穿）其下位完整岩层的极限厚度，“经验突水系数法”一般表示为：

$$T_s = \frac{p}{h}, h_{静} = \frac{p}{T_0} \tag{4-1}$$

式中 $h, h_{静}$——有效隔水层厚度和不发生涌突水的极限有效隔水层厚度，m；

T_s, T_0——突水系数和临界突水系数；

p——水头压力，MPa。

考虑岩体自重应力在“底板突水”和离层突水中力学作用的差异，将传统“经验突水系数法”修正为：

$$T_s = \frac{p + \sum_{i=1}^{n} \gamma_i h_i}{h} \tag{4-2}$$

利用改进突水系数法对石拉乌素矿 $221_上08$ 工作面、$221_上01$ 工作面进行离层水突水危险性评价。

(1) $221_上08$ 工作面突水危险性评价

由前文对工作面可积水离层位置的预计可知，$221_上08$ 工作面可积水离层位置集中在志丹群与安定组分界面或安定组上部，离层空间的补给水源为志丹群含水层。因此在本研究中，p 为志丹群水压（取 3 MPa），h 为志丹群至导水裂缝带顶界面间岩层的厚度，分别统计绘制 $221_上08$ 工作面的志丹群至导水裂缝带顶界面间岩层的厚度（残余隔水层厚度）（图 4-1），并依据改进突水系数法绘制 $221_上08$ 工作面离层突水系数等值线图（图 4-2）。

由图 4-1、图 4-2 可知，总体上，$221_上08$ 工作面残余隔水层厚度由北至南有逐渐增加的趋势，在 K72 钻孔处达到最大，约 125 m；相对应的离层突水系数由南至北逐渐增大，危险性逐渐增高，图中最小离层突水系数约为 0.05 MPa/m，位于 K72 钻孔附近，最大为 0.25 MPa/m，位于工作面停采线附近。

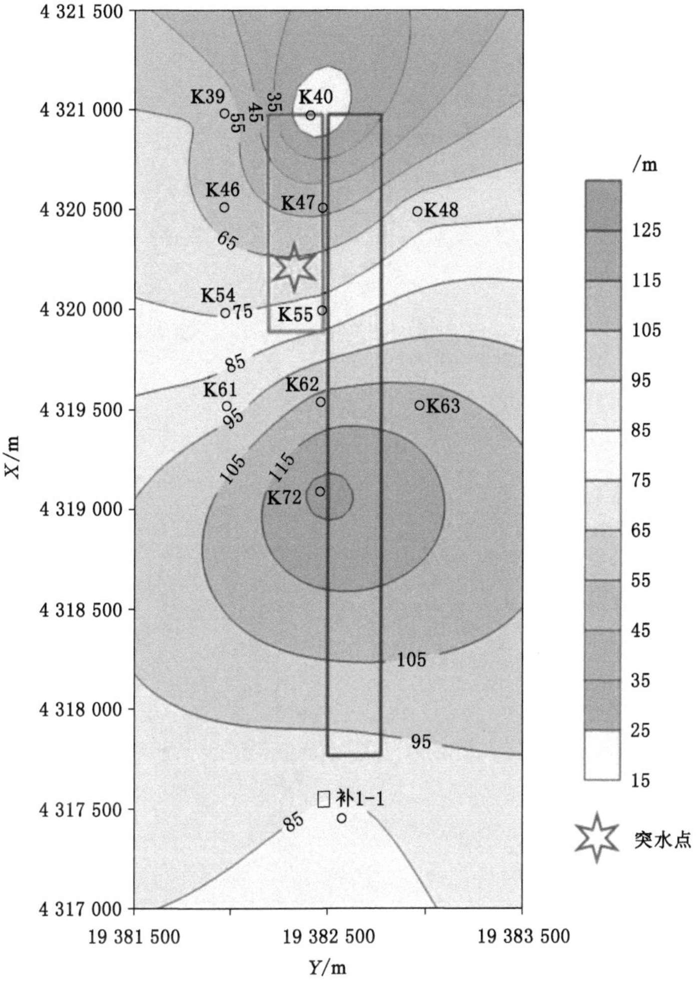

图 4-1　残余隔水层厚度等值线

根据《矿区水文地质工程地质勘探规范》并结合 $221_{上}06A$ 工作面离层突水时实例资料，将离层突水系数 $r_s \geqslant 0.1$ MPa/m 的区域定义为“严重危险区”、$0.06 \leqslant r_s < 0.1$ MPa/m 的区域为“危险区”、$0.04 \leqslant r_s < 0.06$ MPa/m 的区域为“过渡区”、$r_s < 0.04$ MPa/m 的区域为“安全区”。则可得 $221_{上}08$ 工作面离层水害危险性等级分区，如图 4-3 所示。

由危险性分区图可以看出，$221_{上}06A$ 工作面以危险区和严重危险区为主，与 $221_{上}06A$ 工作面开采过程中出现离层突水的实际相符。$221_{上}08$ 工作面离层水害威胁主要集中在工作面北段，以危险区和严重危险区为主；南段则以过渡区为主，离层水害威胁相对较低。

另外，值得注意的是，K72 钻孔至工作面开切眼间约 1 300 m 的范围内无钻孔资料，仅有位于工作面外侧 300 m 的补 1-1 钻孔地层可供参考。图 4-1 中，补 1-1、K72 两钻孔处的残余隔水层厚度相差超过 40 m，说明两钻孔之间的地层变化较大。另外，根据研究区志丹群底界至导水裂缝带顶界之间的砂岩含水层厚度统计可以看出，$221_{上}08$ 工作面南段导水裂缝带之上仍有平均 35 m 厚的砂岩含水层（图 4-4）。因此，虽然工作面南段为过渡区，但并不能直接排除 K72 钻孔至工作面 1 300 m 范围内发生志丹群离层水害的可能性。且根据

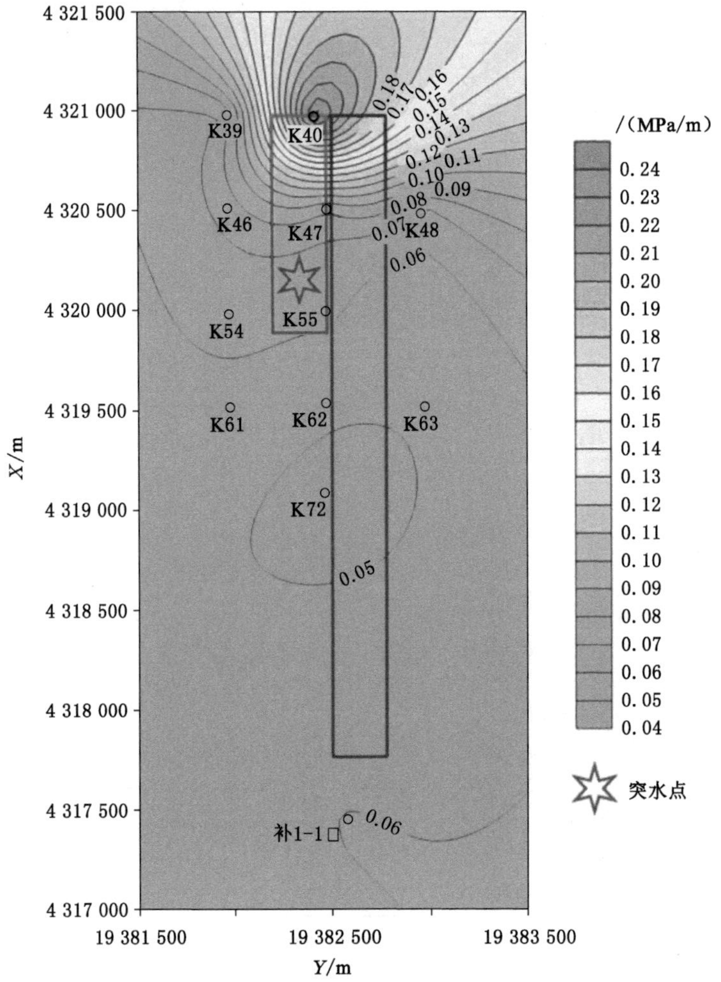

图 4-2　白垩系离层突水系数等值线(按原始水压 3 MPa)

前人研究成果,初次离层水害的危险性程度往往大于周期离层突水,因此为了工作面安全回采,也应加强该段离层水害防治工作。

(2) $221_{上}01$ 工作面突水危险性评价

由前文对工作面可积水离层位置的预计可知,$221_{上}01$ 工作面可积水离层位置集中在志丹群与安定组分界处或志丹群内部,局部有直罗组离层积水。以下对其分别进行评价。

① 志丹群离层水害

绘制残余隔水层厚度(志丹群至导水裂缝带间岩层的厚度)等值线,如图 4-5 所示;计算离层突水系数,作离层突水系数等值线,如图 4-6 所示。工作面志丹群离层水害危险等级分区如图 4-7 所示。

由图 4-5 至图 4-7 可知,$221_{上}01$ 工作面残余隔水层厚度由北至南有逐渐增大的趋势,且普遍大于 185 m,同时 $221_{上}01$ 工作面内志丹群离层突水系数普遍小于 0.041 MPa/m,以过渡区为主,志丹群离层水害危险性较低。

② 直罗组离层水害

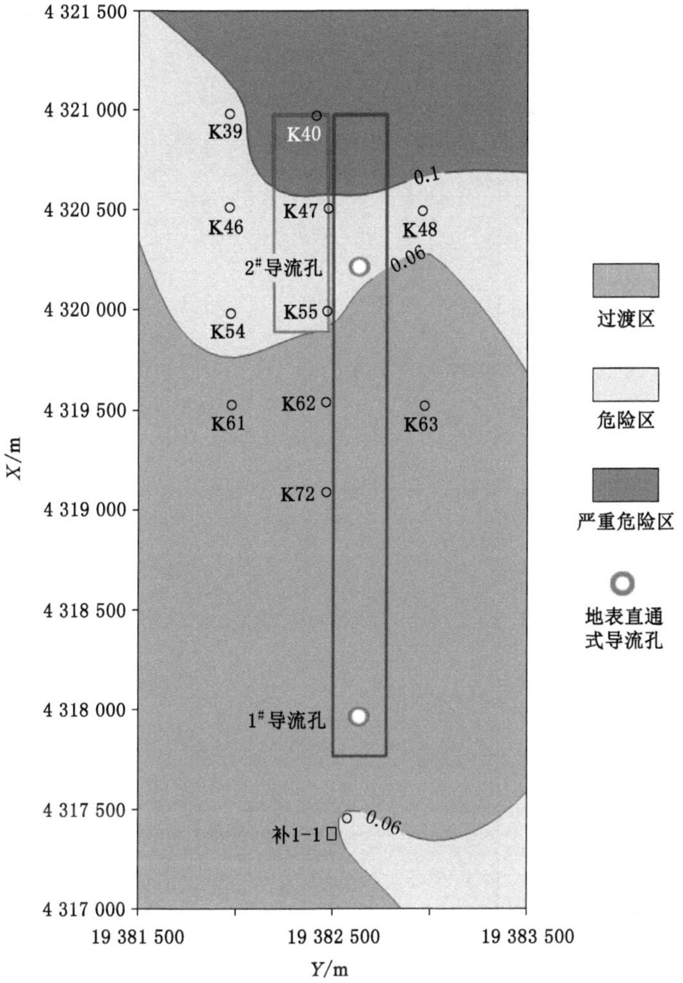

图 4-3 离层水害危险性分区(按原始水压 3 MPa)

直罗组离层水害主要集中在 $221_{上}01$ 工作面尚未开采的南段。根据前文分析,$221_{上}01$ 工作面南段 K15 钻孔附近局部范围内存在直罗组可积水离层的现象,且离层位置距离导水裂缝带较近。为此,统计导水裂缝带发育高度之上 50 m 范围内的含水层(包括细砂岩、中砂岩和粗砂岩) 累计厚度,绘制等值线,如图 4-8 所示。

由图 4-8 可知,$221_{上}01$ 工作面南段的含水层厚度普遍较大,表明南段对直罗组离层空腔进行水源补给的能力较强,相应的离层水害危险性程度较高,有出现直罗组离层突水的可能性。

综上,在工作面回采过程中在志丹群与安定组交界处、志丹群内部均有形成离层突水的可能性,但发生志丹群离层突水的可能性低。同时,工作面南段局部范围会出现直罗组离层水体,但不会形成较大区域的离层水发育区,为工作面回采期间所受的主要离层水害隐患。

4.1.2 考虑裂隙岩体隔水能力的突水系数法

(1) 离层突水相关因素及其量化

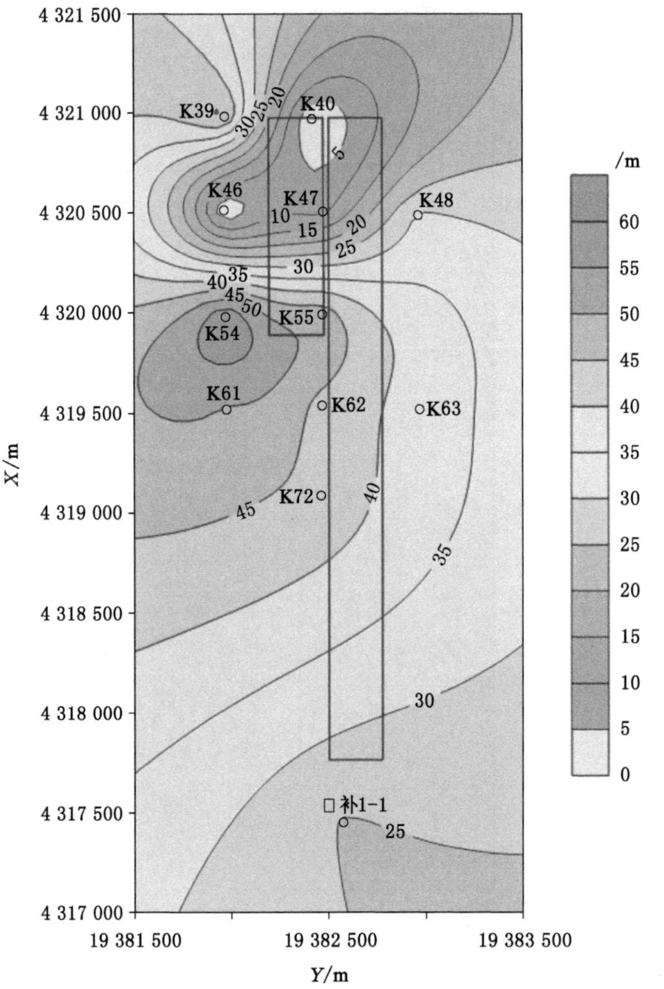

图 4-4 侏罗系残余砂岩含水层厚度等值线

如图 4-9 所示,侏罗系煤层开采过程中,白垩系离层水与煤层之间的岩层被称为侏罗系保护层。白垩系离层水涌突是侏罗系保护层上方的白垩系离层水突破侏罗系保护层造成的。因此,离层水涌突过程的研究对象包括白垩系离层水和侏罗系保护层。在侏罗系保护层中,上部为未断裂保护层,下部为已断裂保护层。已断裂保护层的阻水能力是其内裂隙在水流作用下闭合形成的。此外,已断裂保护层中的岩层可分为断裂泥岩和断裂砂岩。离层突水中每个突水相关因素的作用和量化描述如下。

① 离层水压($p_{离}$)

离层水压($p_{离}$)为离层突水的发生提供了动力,离层充水后,即产生 $p_{离}$。若离层上位岩层不具备对离层水产生大能量冲击作用的条件,则 $p_{离}$ 指离层水静水压力($p_{静}$),且由于离层水来自离层周围充水含水层,所以离层充满水后,$p_{静}$ 会逐渐升高,且在不发生突水的情况下,$p_{静}$ 最终会升高至与离层充水含水层水压($p_{充}$)一致,即 $p_{离\max}=p_{静\max}=p_{充}$。若离层上位岩层具备对离层水产生大能量冲击作用的条件,则在冲击作用发生前有 $p_{离}=p_{静}$;冲击作用发生后,$p_{静}$ 瞬间增大为离层水动水压力($p_{动}$),且据已有研究成果,由于冲击作用发生后

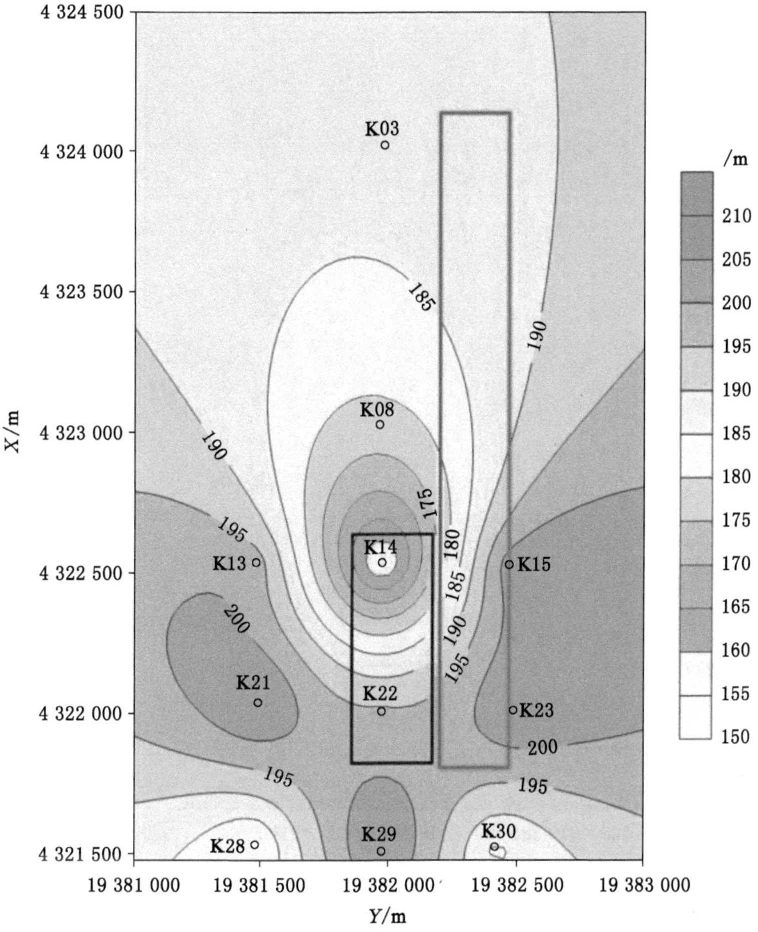

图 4-5　残余隔水层厚度等值线

形成的动水压力远大于冲击作用发生前的静水压力，所以对于离层上位岩层中能够对离层水产生大能量冲击作用的积水离层，则有 $p_{离\max}=p_{动}$。

② 未断裂保护层厚度(T_U)

由于未断裂保护层可以阻止离层水的下泄，所以未断裂保护层是影响离层突水的一个关键因素。由于未断裂保护层的完整性没有受到破坏，因此它比已断裂保护层具有更大的强度和更好的隔水性。未断裂保护层厚度(T_U)越大，其阻止离层水下泄的能力越强。T_U 的计算公式如下：

$$T_U = T_J - T_F \tag{4-3}$$

$$T_F = MR_{FM} \tag{4-4}$$

式中　T_J——煤层与白垩系之间的侏罗系保护层厚度；

T_F——已断裂保护层厚度；

M——开采厚度；

R_{FM}——T_F 与 M 的比值，可通过现场实测获得。

③ 已断裂保护层内泥岩裂缝闭合潜力(C_m)

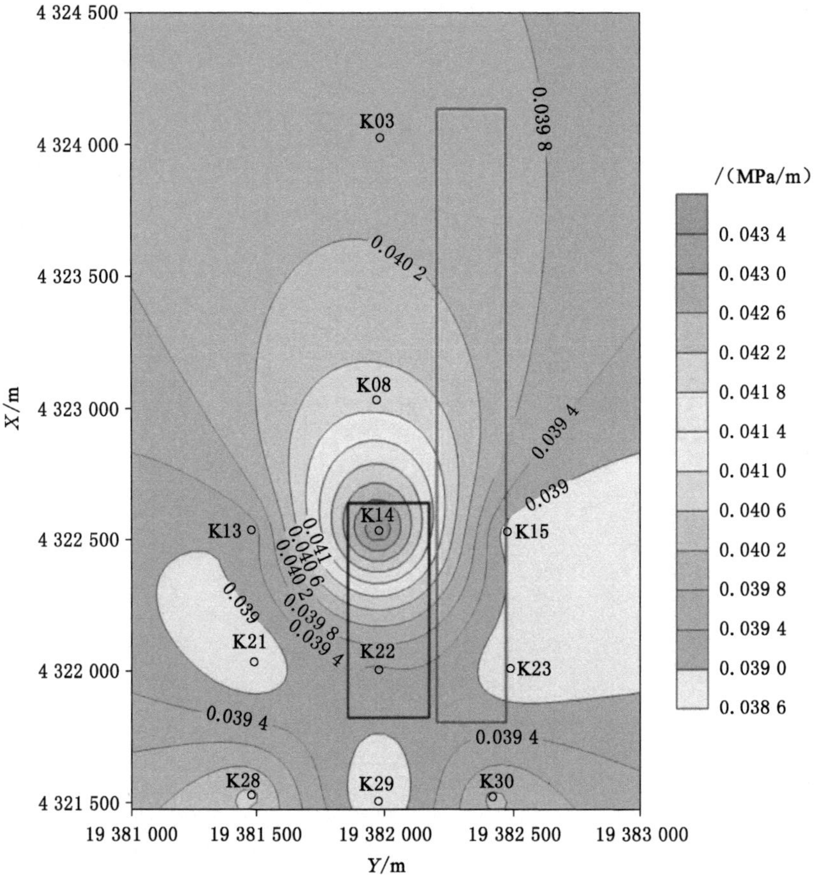

图 4-6　志丹群离层突水系数等值线

由于强度低（平均饱和单轴抗压强度为 4.75 MPa）、软化系数低（平均软化系数为 0.34），侏罗系泥岩遇水后容易泥化变形（图 4-10），泥岩裂缝在水流作用下具有闭合能力。

在已断裂保护层内，泥岩裂缝闭合效果越好，泥岩的隔水能力越强，发生突水的概率越小。这里使用已断裂保护层内泥岩裂缝闭合潜力（C_{m}）来评估泥岩裂缝的闭合效果。由于 C_{m} 与泥岩体积正相关、泥岩体积与泥岩厚度正相关，所以 C_{m} 与泥岩厚度正相关。相反，由于 C_{m} 与泥岩裂缝的张开度负相关，泥岩裂缝的张开度与泥岩破断前可用沉降空间高度正相关，所以 C_{m} 与泥岩破断前可用沉降空间高度负相关。因此，C_{m} 可通过以下公式进行量化：

$$C_{\mathrm{m}} = \sum_{i=1}^{n} C_{\mathrm{m}i} \tag{4-5}$$

$$C_{\mathrm{m}i} = \frac{t_{\mathrm{m}i}}{\Psi_{\mathrm{m}i}} = \frac{t_{\mathrm{m}i}}{M - T_{\mathrm{m}i}(\eta - 1)} \tag{4-6}$$

式中　$C_{\mathrm{m}i}$，$t_{\mathrm{m}i}$，$\Psi_{\mathrm{m}i}$——已断裂保护层中第 i 层泥岩的裂缝闭合潜力、厚度和可用沉降空间高度；

η——裂隙岩体的平均碎胀系数，可通过现场实测得到；

$T_{\mathrm{m}i}$——已断裂保护层中第 i 层泥岩层与煤层之间所有地层的总厚度。

④ 已断裂保护层内砂岩裂缝闭合潜力（C_{s}）

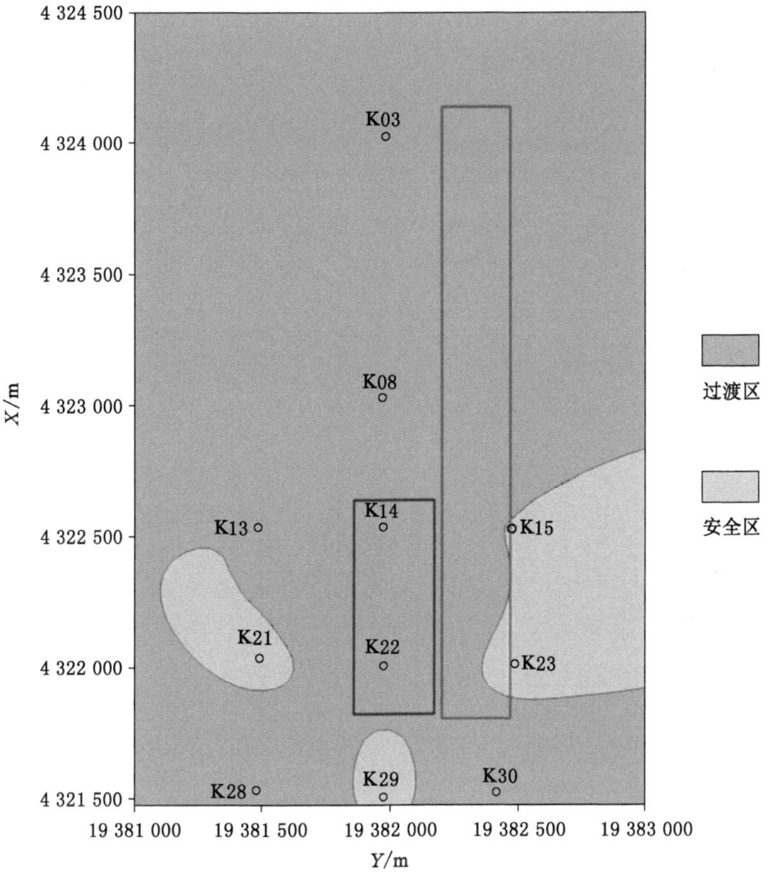

图 4-7　志丹群离层水害危险性分区

由于胶结程度较低，侏罗系砂岩遇水后容易崩解（图 4-11），崩解后的岩屑容易填充和封闭侏罗系砂岩中的裂缝。

在已断裂保护层中，砂岩裂缝闭合效果越好，砂岩的隔水能力越强，发生突水的概率越小。这里使用已断裂保护层内砂岩裂缝闭合潜力（C_s）来评估砂岩裂缝的闭合效果。由于 C_s 与砂岩裂缝长度正相关，而砂岩裂缝长度与砂岩厚度正相关，所以 C_s 与砂岩厚度正相关。相反，由于 C_s 与砂岩裂缝的张开度负相关，砂岩裂缝的张开度与砂岩破断前可用沉降空间高度正相关，所以 C_s 与砂岩破断前可用沉降空间高度负相关。因此，C_s 可通过以下公式进行量化：

$$C_s = \sum_{i=1}^{n} C_{si} \tag{4-7}$$

$$C_{si} = \frac{t_{si}}{\Psi_{si}} = \frac{t_{si}}{M - T_{si}(\eta - 1)} \tag{4-8}$$

式中　C_{si}，t_{si}，Ψ_{si}——已断裂保护层中第 i 层砂岩的裂缝闭合潜力、厚度和可用沉降空间高度；

η——裂隙岩体的平均碎胀系数，可通过现场实测得到；

T_{si}——已断裂保护层中第 i 层砂岩层与煤层之间所有地层的总厚度。

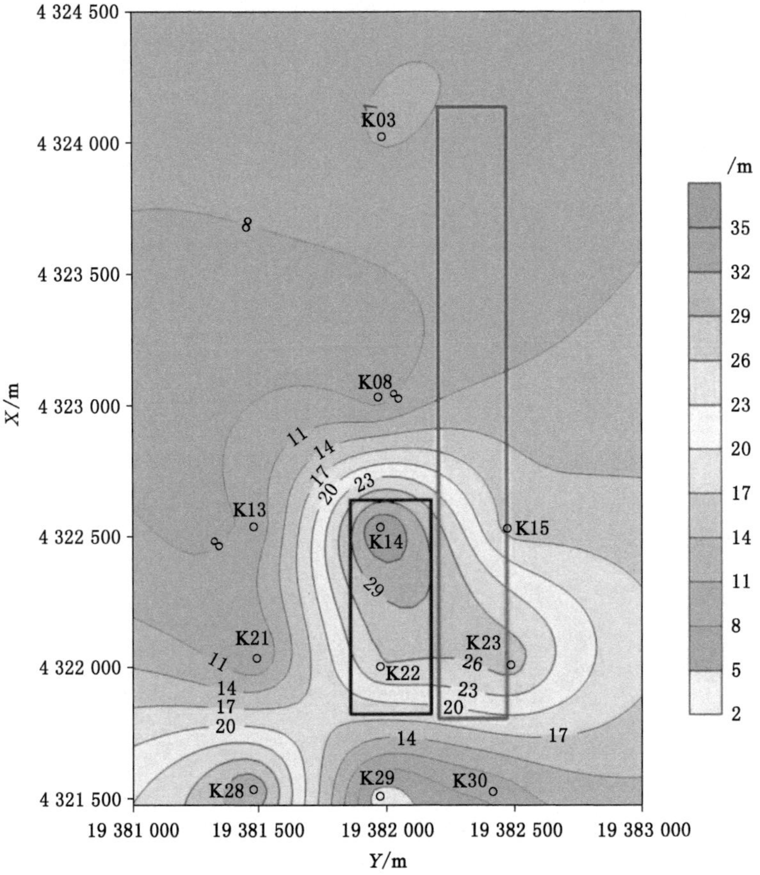

图 4-8　导水裂缝带发育高度之上 50 m 范围内的含水层累计厚度

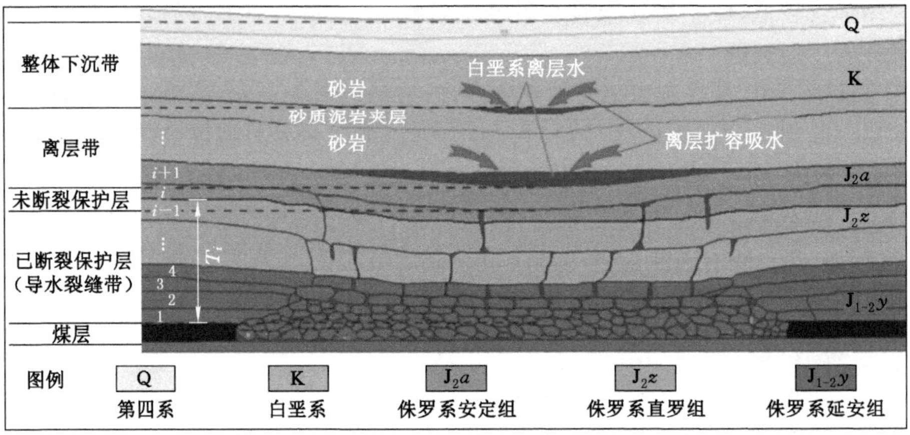

图 4-9　侏罗系煤层开采期间白垩系离层水形成及开采扰动覆岩分区示意图

(2) 已断裂岩层等效保护层厚度的确定

有效保护层厚度,包括未断裂保护层厚度(T_U)及已断裂岩层等效保护层厚度(T_E)。因

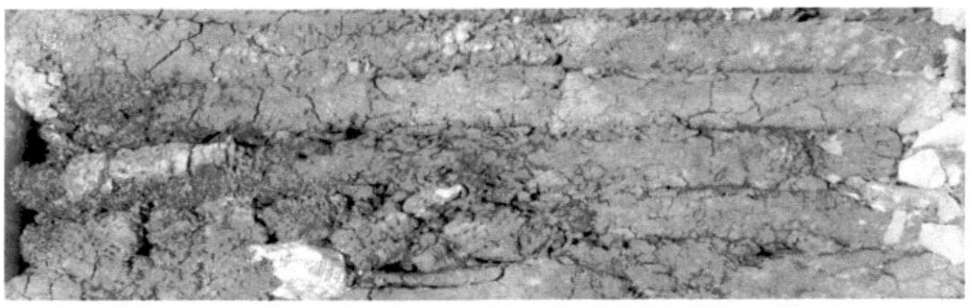

图 4-10　侏罗系泥岩岩心遇水泥化

图 4-11　侏罗系砂岩岩心遇水崩解

此，为准确计算待评价区离层突水系数，需求取 T_E。

① 确定各离层突水相关因素权重

为计算 T_E，有必要确定离层突水中每个突水相关因素的权重。

a. 实现方法

以石拉乌素煤矿 $221_{上}06$A 和 $221_{上}08$ 工作面为例，进行各离层突水相关因素权重的求取。当进尺为 554 m 时，$221_{上}06$A 工作面发生了离层突水，而 $221_{上}08$ 工作面在开采期间未发生离层突水(图 4-12)。

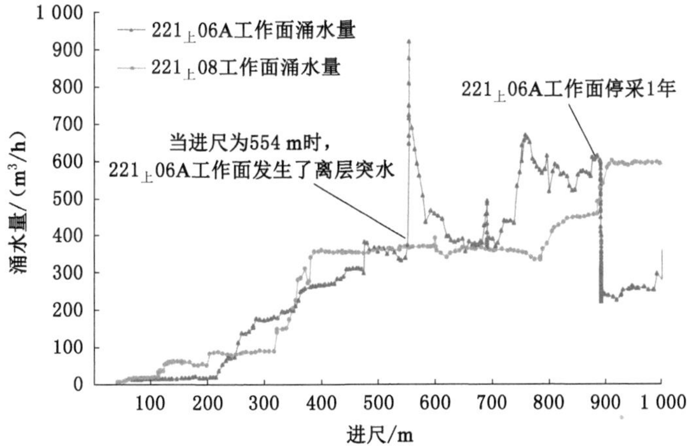

图 4-12　石拉乌素矿 $221_{上}06$A、$221_{上}08$ 工作面开采 1 000 m 期间涌水量对比

尽管 $221_{上}06$A 工作面和 $221_{上}08$ 工作面具有相同的采宽、相近的采深和相近的采厚，但两个工作面之间的离层突水相关因素存在差异，最终导致两个工作面之间的离层突水风险存在差异。因此，通过比较 $221_{上}06$A 工作面和 $221_{上}08$ 工作面离层突水相关因素的差异，可以在排除采宽、采深和采厚对离层突水影响的前提下，得出离层突水形成中各突水相关因素

的权重。这种获取离层突水相关因素权重的原理与熵权法求取指标权重的基本原理一致。因此,这里采用熵权法来确定各离层突水相关因素的权重。

从 m 个采样点和 n 个离层突水相关因素中获得的用于权重计算的数据如下:

$$\boldsymbol{X} = (x_{ij})_{m\times n} = \begin{pmatrix} x_{11} & \cdots & x_{1n} \\ \vdots & & \vdots \\ x_{m1} & \cdots & x_{mn} \end{pmatrix} \tag{4-9}$$

将数据集(4-9)中的数据进行标准化处理,可得:

$$\boldsymbol{R} = (r_{ij})_{m\times n} = \begin{pmatrix} r_{11} & \cdots & r_{1n} \\ \vdots & & \vdots \\ r_{m1} & \cdots & r_{mn} \end{pmatrix} \tag{4-10}$$

式中　r_{ij}——第 j 个离层突水相关因素的第 i 个采样点的标准化值。

对于与离层突水正相关的突水相关因素,r_{ij} 计算公式如下:

$$\begin{cases} r_{ij} = \dfrac{x_{ij} - \min x_{ij}}{\max x_{ij} - \min x_{ij}} \\ r_{ij} = \dfrac{x_{ij} - \min\limits_{j} x_{ij}}{\max\limits_{j} x_{ij} - \min\limits_{j} x_{ij}} \end{cases} \tag{4-11}$$

对于与离层突水负相关的突水相关因素,r_{ij} 计算公式为:

$$\begin{cases} r_{ij} = \dfrac{\max x_{ij} - x_{ij}}{\max x_{ij} - \min x_{ij}} \\ r_{ij} = \dfrac{\max\limits_{j} x_{ij} - x_{ij}}{\max\limits_{j} x_{ij} - \min\limits_{j} x_{ij}} \end{cases} \tag{4-12}$$

第 j 个离层突水相关因素的信息熵(e_j)可定义为:

$$e_j = \frac{-1}{\ln m}\sum_{i=1}^{m} p_{ij}\ln p_{ij} \tag{4-13}$$

其中,p_{ij} 的计算公式如下:

$$p_{ij} = \frac{r_{ij}}{\sum\limits_{i=1}^{m} r_{ij}} \tag{4-14}$$

因为当 p_{ij} 无限接近 0 时,$p_{ij}\ln p_{ij}$ 接近 0,这里,当 $p_{ij}=0$ 时,$p_{ij}\ln p_{ij}$ 的值为 0。则第 j 个离层突水相关因素的熵权(w_j)可通过式(4-15)计算:

$$\omega_j = \frac{1 - e_j}{n - \sum\limits_{j=1}^{m} e_j} \tag{4-15}$$

共有 4 个离层突水相关因素,因此 $n=4$,且 w_1、w_2、w_3 和 w_4 分别为 $p_{离}$、T_U、C_m 和 C_s 的权重。

b. 计算结果

根据前述分析可知:熵权法可用于确定离层突水相关因素的权重,且使用熵权法时,$221_{上}08$ 工作面和 $221_{上}06$A 工作面的采样点应位于进尺为 554 m 时对应的离层带范围内。根据三角形应力拱理论,可确定当进尺为 554 m 时,$221_{上}08$ 工作面采样点为 A1－A9,$221_{上}06$A 工作面采样点为 B1—B9(图 4-13)。各采样点离层突水相关因素的取值见表 4-1。

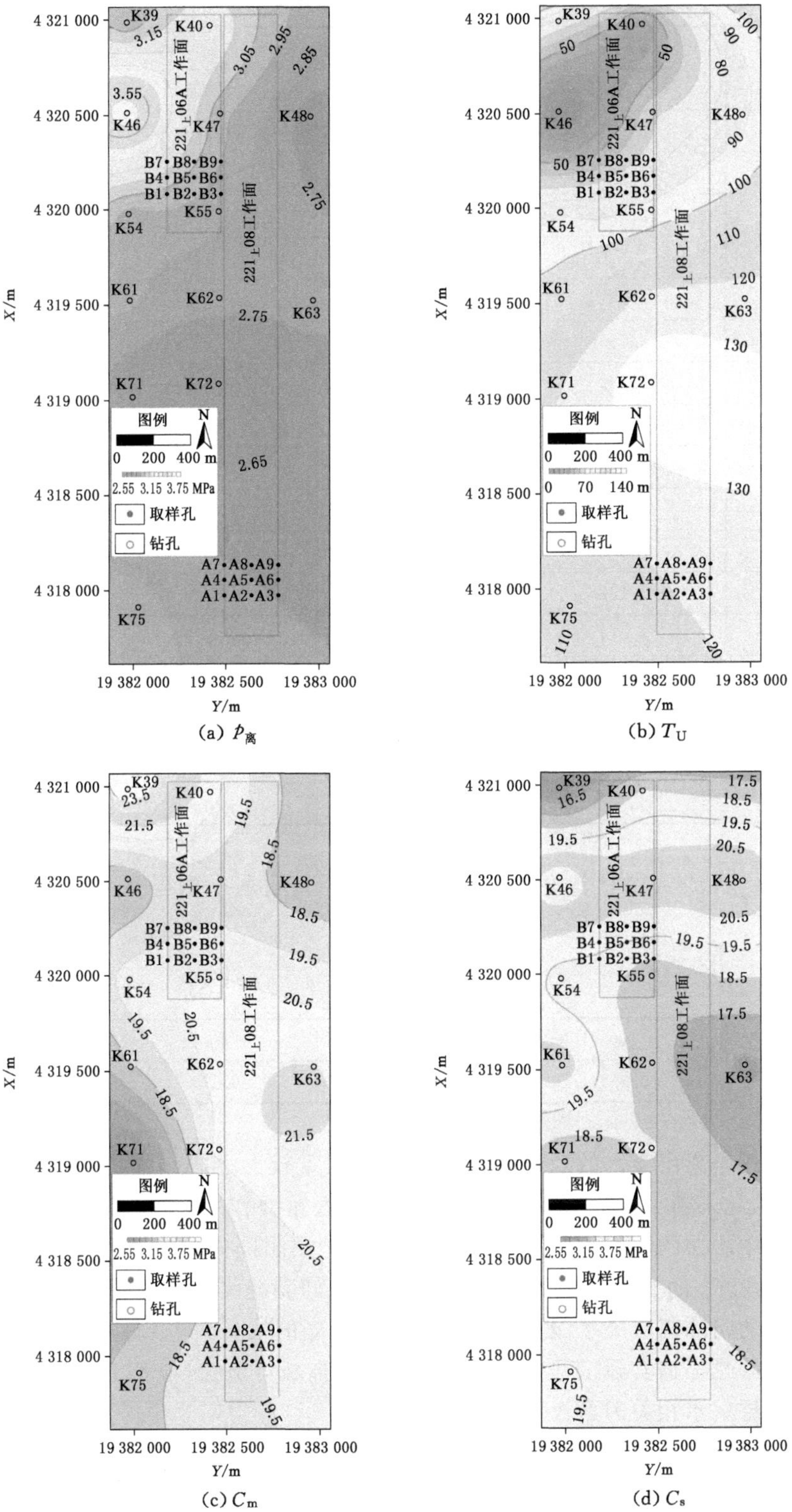

(a) $p_{离}$

(b) T_U

(c) C_m

(d) C_s

图 4-13 石拉乌素矿 221上06A 及 221上08 工作面的 $p_{离}$、T_U、C_m 和 C_s 分布情况

表 4-1　离层突水相关因素在取样点的值

取样点	$p_{离}$/MPa	T_U/m	C_m	C_s
A1	2.78	119.774	18.858	18.997
A2	2.761	121.818	19.128	18.875
A3	2.746	123.425	19.378	18.767
A4	2.768	120.75	18.829	18.922
A5	2.75	122.759	19.135	18.805
A6	2.737	124.304	19.411	18.699
A7	2.755	121.842	18.799	18.839
A8	2.739	123.791	19.146	18.73
A9	2.726	125.248	19.45	18.628
B1	3.019	77.908	20.419	19.315
B2	2.963	82.763	20.607	18.905
B3	2.898	88.448	20.76	18.539
B4	3.102	68.009	20.08	19.796
B5	3.014	75.583	20.285	19.449
B6	2.925	83.201	20.39	19.213
B7	3.191	57.792	19.726	20.319
B8	3.065	68.571	19.983	20.001
B9	2.95	78.299	20.078	19.832

利用式(4-9)至式(4-15)对表 4-1 中数据进行分析,可得各个离层突水相关因素的权重(表 4-2)。

表 4-2　各指标权重

离层突水相关因素	$p_{离}$	T_U	C_m	C_s
指标权重	0.354	0.390	0.158	0.098

由于离层水压是离层突水的动力源,因此 $p_{离}$ 的权重较大;由于未断裂保护层的完整性没有受到破坏,因此未断裂保护层在防止突水方面起着重要作用,所以 T_U 的权重最大;由于已断裂保护层中岩层的完整性已被破坏,已断裂保护层阻隔离层突水的能力弱于未断裂保护层,因此 C_m 和 C_s 的权重小于 T_U;此外,由于泥岩的裂缝闭合程度相对好于砂岩,已断裂保护层中泥岩的阻隔离层突水能力强于砂岩,因此 C_m 的权重大于 C_s。

以上分析结果是根据实际工程地质条件进行合理推断得出的,与表 4-2 中的结果一致,说明计算的各离层突水相关因素权重符合实际。

② 计算已断裂岩层等效保护层厚度(T_E)

a. 计算方法

在计算出离层突水中各突水相关因素的权重后,第 i 个采样点所在位置的侏罗系保护层的阻隔离层突水能力指数(V_i)可按式(4-16)计算:

$$V_i = \frac{T_{Ui}}{\sum_{i=1}^{m} T_{Ui}}\omega_2 + \frac{C_{mi}}{\sum_{i=1}^{m} C_{mi}}\omega_3 + \frac{C_{si}}{\sum_{i=1}^{m} C_{si}}\omega_4 \tag{4-16}$$

式(4-16)可转换为：

$$V_i = T_{Ui}k_1 + C_{mi}k_2 + C_{si}k_3 \tag{4-17}$$

式中，k_1，k_2，k_3 为常数。

假设坐标点 A 处的 T_U、C_m 和 C_s 分别为 T_{UA}、C_{mA} 和 C_{sA}，坐标点 B 处的 T_U、C_m 和 C_s 分别为 T_{UB}、C_{mB} 和 C_{sB}，则根据式(4-17)可知，坐标点 A 和 B 处侏罗系保护层的阻隔离层突水能力指数表示如下：

$$V_A = T_{UA}k_1 + C_{mA}k_2 + C_{sA}k_3 \tag{4-18}$$

$$V_B = T_{UB}k_1 + C_{mB}k_2 + C_{sB}k_3 \tag{4-19}$$

式中，V_A 和 V_B 分别为坐标点 A 和坐标点 B 处侏罗系保护层的阻隔离层突水能力指数。

设置以下两个限制条件：

$$\begin{cases} V_A = V_B; C_{sA} = C_{sB} \\ T_{UA} \neq 0; T_{UB} = 0 \\ C_{mA} = 0; C_{mB} \neq 0 \end{cases} \tag{4-20}$$

$$\begin{cases} V_A = V_B; C_{mA} = C_{mB} \\ T_{UA} \neq 0; T_{UB} = 0 \\ C_{sA} = 0; C_{sB} \neq 0 \end{cases} \tag{4-21}$$

综合式(4-18)、式(4-19)及限制条件式(4-20)，可得：

$$T_{UA}k_1 = \left(\frac{k_2}{k_1} C_{mB}\right)k_1 = (k_m C_{mB})k_1 \tag{4-22}$$

式中，k_m 为常数，其值为 k_2 与 k_1 之比。由式(4-22)可得：

$$T_{UA} = k_m C_{mB} \tag{4-23}$$

式(4-23)的物理意义可以表示为：当 C_m 为无量纲且 T_U 的单位为 m 时，已断裂保护层内一个单位 C_m 所具备的阻隔离层突水能力与厚度为 k_m 的未断裂保护层所具备的阻隔离层突水能力相等。具有一定厚度且与已断裂保护层内泥岩具有相同阻隔离层突水能力的未断裂保护层称为已断裂保护层内泥岩等效保护层。因此，已断裂保护层内泥岩等效保护层厚度($T_{E\text{-}m}$)可表示如下：

$$T_{E\text{-}m} = k_m C_m \tag{4-24}$$

综合式(4-18)、式(4-19)及限制条件式(4-21)，可得：

$$T_{UA}k_1 = \left(\frac{k_3}{k_1} \cdot C_{sB}\right)k_1 = (k_s C_{sB})k_1 \tag{4-25}$$

式中，k_s 为常数，其值为 k_3 与 k_1 之比。由式(4-25)可得：

$$T_{UA} = k_s C_{sB} \tag{4-26}$$

式(4-26)的物理意义可以表示为：当 C_s 为无量纲且 T_U 的单位为 m 时，已断裂保护层内一个单位 C_s 所具备的阻隔离层突水能力与厚度为 k_s 的未断裂保护层所具备的阻隔离层突水能力相等。具有一定厚度且与已断裂保护层内砂岩具有相同阻隔离层突水能力的未断裂保护层称为已断裂保护层内砂岩等效保护层。因此，已断裂保护层内砂岩等效保护层厚度($T_{E\text{-}s}$)可表示如下：

$$T_{\text{E-s}} = k_s C_s \tag{4-27}$$

T_E、$T_{\text{E-m}}$、$T_{\text{E-s}}$三者之间满足如下关系：

$$T_E = T_{\text{E-m}} + T_{\text{E-s}} \tag{4-28}$$

根据式(4-24)、式(4-27)、式(4-28)，可得 T_E的计算公式：

$$T_E = k_m C_m + k_s C_s \tag{4-29}$$

b. 计算结果

k_1、k_2、k_3分别为 2.186×10^{-4}、4.457×10^{-4}、2.844×10^{-4}。据此，k_m 和 k_s 的值也可以被计算出来，分别为 2.039 和 1.301，因此 T_E 的计算公式如下：

$$T_E = 2.039C_m + 1.301C_s \tag{4-30}$$

(3) 任意坐标点突水危险性评价

① 实现方法

任一坐标点(x_i，y_i)处的离层突水系数的计算公式为：

$$\text{BWIC}_{(x_i,y_i)} = \frac{p_{离(x_i,y_i)}}{T_{U(x_i,y_i)} + T_{E(x_i,y_i)}} \tag{4-31}$$

式中，$\text{BWIC}_{(x_i,y_i)}$、$p_{离(x_i,y_i)}$、$T_{U(x_i,y_i)}$、$T_{E(x_i,y_i)}$为坐标点(x_i，y_i)处的离层突水系数、离层水压、未断裂保护层厚度、已断裂岩层等效保护层厚度。

将式(4-30)代入式(4-31)可得：

$$\text{BWIC}_{(x_i,y_i)} = \frac{p_{离(x_i,y_i)}}{T_{U(x_i,y_i)} + 2.039C_{m(x_i,y_i)} + 1.301C_{s(x_i,y_i)}} \tag{4-32}$$

式中，$C_{m(x_i,y_i)}$、$C_{s(x_i,y_i)}$为坐标点(x_i，y_i)处的已断裂保护层内泥岩裂缝闭合潜力、砂岩裂缝闭合潜力。

② 评价结果

根据式(4-32)，即可求取石拉乌素矿 $221_上06$A、$221_上08$ 工作面任一坐标点处的离层突水危险性(图 4-14)。由图 4-14 可知，$221_上06$A 工作面突水系数整体比 $221_上08$ 工作面的大，说明 $221_上06$A 工作面发生离层突水的可能性整体高于 $221_上08$ 工作面；而实际上，$221_上06$A 工作面发生过离层突水，而 $221_上08$ 工作面已完成的开采区域内没有发生过离层突水，说明离层突水系数法能够准确评价不同位置间突水危险性。

(4) 任意开采进尺对应突水危险性评价

由于工作面突水的发生并不是由个别坐标点所在位置决定的，而是工作面某一进尺对应的离层水的整体突水危险性决定的，所以通过单个坐标点突水危险性来评价工作面突水风险并不符合实际，获取任一进尺对应的覆岩内离层水分布范围的整体离层突水风险则很有必要。

① 实现方法

由于任何开挖长度均对应一个压力平衡拱(图 4-15)，通过求取每个开采进尺对应的压力平衡拱所圈闭的离层带内所有坐标点突水系数平均值来获取任一开采进尺对应的整体离层突水风险。因此，当开采进尺为 l_x 时，整体离层突水风险可通过式(4-33)表示(z 为将各压力平衡拱所圈闭的离层分布范围划分为边长为 10 m 的正方形后的网格点数)：

$$\text{BWIC}_{l_x} = \frac{1}{z}\sum_{i=1}^{z}\text{BWIC}_{(x_i,y_i)} \tag{4-33}$$

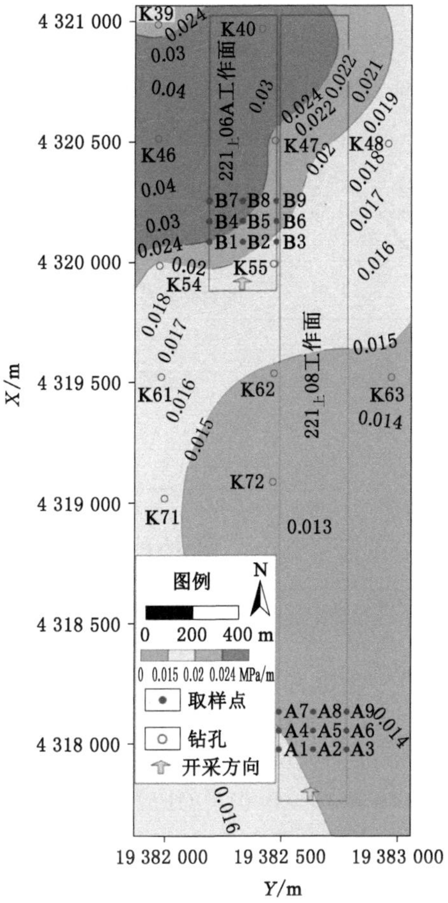

图 4-14　石拉乌素矿 $221_{上}06$A 及 $221_{上}08$ 工作面突水系数分布情况

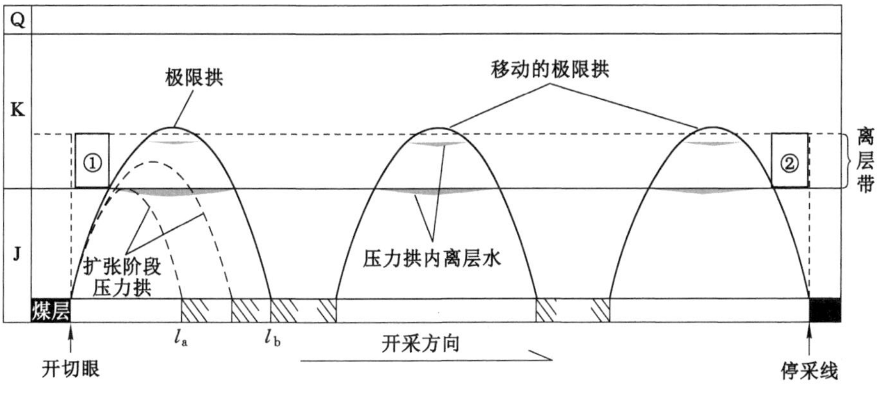

Q—第四系；K—白垩系；J—侏罗系；①,②—拱外区；l_a—当压力拱刚扩展至离层带时对应的开采进尺；l_b—当压力拱扩展至极限拱时对应的开采进尺。

图 4-15　采动覆岩压力平衡拱及离层发育示意图

② 评价结果

以石拉乌素矿 $221_{上}06A$、$221_{上}08$ 工作面为例。基于压力拱理论,可使用式(4-33)获得各工作面在不同开采进尺时对应的整体离层突水系数(图 4-16)。

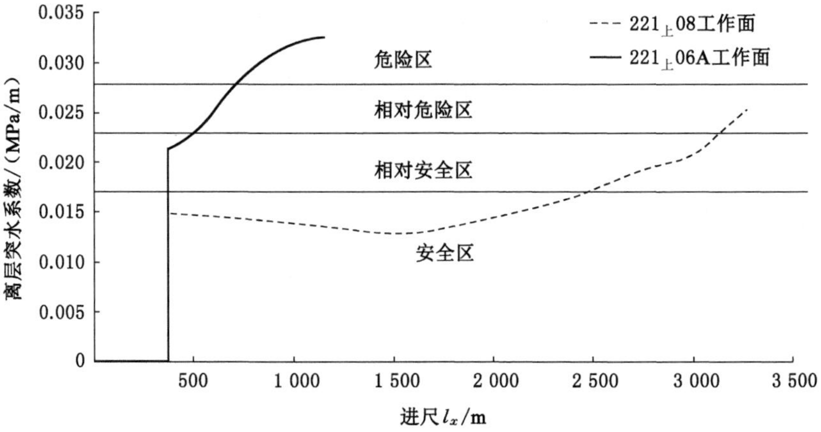

图 4-16 石拉乌素矿 $221_{上}06A$、$221_{上}08$ 工作面在不同开采进尺时对应的整体离层突水系数

(5) 构建离层突水危险性判别图

由于石拉乌素矿 $221_{上}06A$ 工作面在进尺为 554 m 时发生过离层突水,根据图 4-17 可将离层突水系数≥0.024 MPa/m 的区域定义为“危险区”、0.020 MPa/m≤离层突水系数<0.024 MPa/m 的区域为“相对危险区”、0.015 MPa/m≤离层突水系数<0.020 MPa/m 的区域为“相对安全区”、离层突水系数<0.015 MPa/m 的区域为“安全区”。

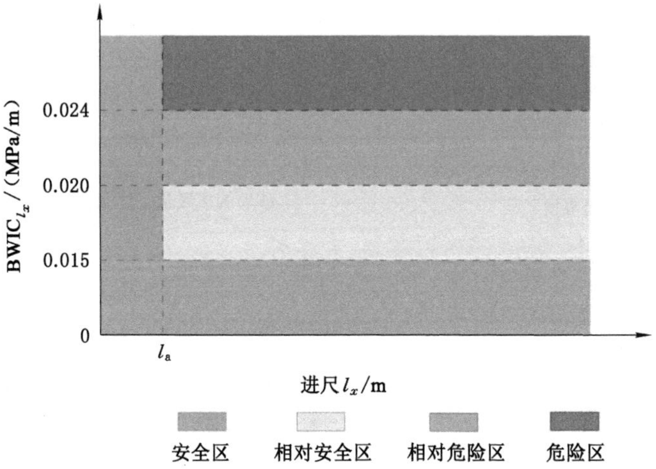

图 4-17 基于离层突水系数法的离层突水危险性判别图

基于采动覆岩压力平衡拱理论,利用多因素加权叠加法获得 $221_{上}08$ 工作面不同开采进尺时对应的离层突水危险性。工作面当前进尺为 2 538.6 m,属于相对安全区。进尺为 2 538.6~2 886 m 为相对安全区,2 886~3 206 m 为相对危险区,大于 3 206 m 为危险区。

总体来说，工作面剩余段的离层突水危险性随着工作面的开采逐渐增大，这一评价结果与基于改进突水系数法的评价结果基本一致。

4.2 离层水害防治技术研究以及应用

4.2.1 工作面涌水量预计

(1) $221_{上}01$ 工作面涌水量预计

$221_{上}01$ 工作面回采期间主要受 $2\text{-}2_{上}$煤层顶板水威胁，以延安组和直罗组砂岩水为主。

因工作面回采形成的疏降漏斗水力特征为承压转无压渗流场，因此采用集水廊道法单侧进水计算公式：

$$Q = LK\frac{(2H-M)-h_0^2}{2R} \tag{4-34}$$

式中 Q——涌水量，m^3/d；

K——渗透系数，m/d；

L——集水边长度，m；

H——水头高度，m；

M——含水层厚度，m；

h_0——降余水柱，m，计算时取 $h_0=0$；

R——影响半径，m，$R=10S\sqrt{K}$；

S——降深，m，此处 $S=H$。

工作面开采期间，实际集水边界为东西方向两条走向长边界加上南北方向两条倾向长边界减去相邻采空区重合部分边长。

将以上参数代入式(4-34)，工作面涌水量及计算参数见表 4-3，正常涌水量计算结果为：

$$Q_{正常} = 448.53 + 145.26 = 593.79\ (m^3/h)$$

表 4-3 工作面涌水量及计算参数

层位	孔号	K/(m/d)	M/m		H/m	L/m	R/m	Q/(m³/h)
			单孔	平均				
J_2z	K03	0.256（风检孔渗透系数）	60.49	63.51	236.6（用补-2 孔水头值减去风检孔水位降深求取）	4 102	1 558.37	448.53
	K08		49.54					
	K15		53.83					
	K23		90.16					
$J_{1\text{-}2}y$ 至 $2\text{-}2_{上}$煤	K03	0.094 1（风检孔渗透系数）	16.42	27.95	236.6（用补-2 孔水头值减去风检孔水位降深求取）	4 102	1 371.91	145.26
	K08		26.24					
	K15		51.35					
	K23		17.79					

取安全系数为 1.5，则工作面最大涌水量为：

$$Q_{最大} = 593.79 \times 1.5 \approx 890.69\ (m^3/h)$$

(2) $221_上08$ 工作面涌水量预计

① 充水含水层参数求取

a. 含水层厚度统计

$221_上08$ 工作面回采过程中顶板直接充水含水层主要为导水裂缝带范围内含水层，包括延安组和直罗组含水层。含水层厚度统计为细粒、中粒和粗粒砂岩厚度，$221_上08$ 工作面附近钻孔导水裂缝带高度范围内含水层厚度见表 4-4。

表 4-4　$221_上08$ 工作面顶板充水含水层厚度

孔号	含水层厚度/m	
	延安组	直罗组
K40	18.13	56.26
K47	55.43	45.12
K55	31.05	53.40
K62	32.61	31.87
K72	43.05	46.86
补 1-1	37.01	62.28
平均	36.21	49.30

b. 水头高度和渗透系数的确定

依据已有勘探孔和水文孔资料，延安组含水层的渗透系数和水位标高取 K47 钻孔抽水资料结果，K47 钻孔抽水段为 $J_{1-2}y$，水头高度为 547.95 m，渗透系数为 0.033 m/d；直罗组含水层的渗透系数和水位标高取补 4 水文孔抽水资料结果，补 4 孔抽水段为直罗组含水层，水位标高为 1 247.46 m，根据补 4 孔抽水资料，在计算渗透系数时含水层厚度包括粉砂岩、细粒砂岩、中粒砂岩(抽水段无粗粒砂岩)厚度，而本次涌水量预计含水层厚度不包括粉砂岩厚度，因此对补 4 孔渗透系数重新进行计算，计算结果为 0.026 5 m/d，补 4 孔距离 $221_上06$A 工作面中心 1 312 m。可结合 $221_上08$ 工作面开切眼距 $221_上06$A 工作面中心的距离与已采工作面探放水及回采期间补 4 孔水位降深求得 $221_上08$ 工作面开切眼附近的直罗组水头值。补 4 孔原始水位标高(2016 年 8 月 14 日)为 1 247.46 m，截至 2018 年 3 月 31 日补 4 孔水位标高为 937.66，降低了 309.8 m；根据上述数据结合泰斯非稳定流公式可计算出距 $221_上06$A 工作面中心不同距离处的直罗组水头值：

$$h = 311.9\ln R - 1\ 919 \tag{4-35}$$

由于直罗组底界整体起伏不大，求得的各处水头值相差不大，以补 4 孔初始水头值 547.42 m 作为直罗组区域水头值。计算得，当 h=547.42 m 时，R=2 718 m，即已采工作面排放水造成的直罗组降落漏斗半径约为 2 718 m。而 $221_上08$ 工作面开切眼距离 $221_上06$A 工作面中心距离为 2 712 m，基本与降落漏斗半径相同(图 4-18)。因此，$221_上08$ 工作面开切眼附近直罗组水头标高为 547.42 m。表 4-5 为 $221_上08$ 工作面水文地质参数。

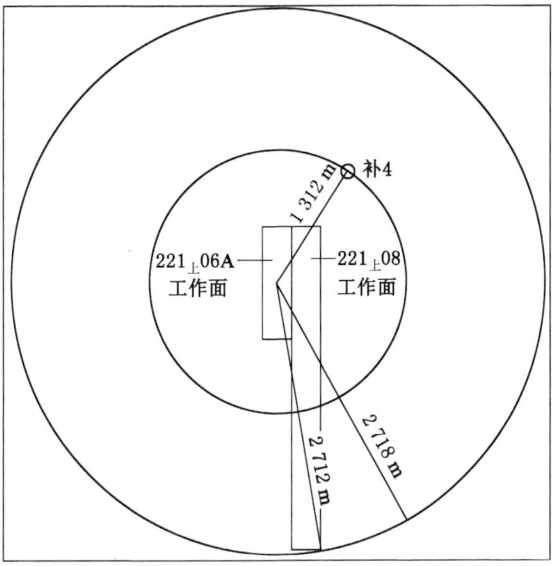

图 4-18　$221_上06A$ 工作面开采直罗组降落漏斗示意图

表 4-5　$221_上08$ 工作面水文地质参数

含水层	K/(m/d)	M/m	H/m
直罗组	0.026 5	49.3	547.42
延安组	0.033	36.21	547.95

② 集水廊道法计算正常涌水量

盘区内主采煤层直接充水含水层为无限承压含水层，随着井巷开拓及矿坑水的疏排，承压水头降至含水层顶以下，因此采用式(4-34)计算涌水量。

$221_上08$ 工作面走向长度约 3 220 m，倾向长度约 290 m，由于西侧存在 $221_上06A$ 工作面采空区，因此计算涌水量时进水边界长度去掉 $221_上06A$ 工作面的走向长度(图 4-19)。将水文地质参数代入式(4-34)计算出 $221_上08$ 工作面正常涌水量为 346 m^3/h，表 4-6 为 $221_上08$ 工作面涌水量及计算参数。

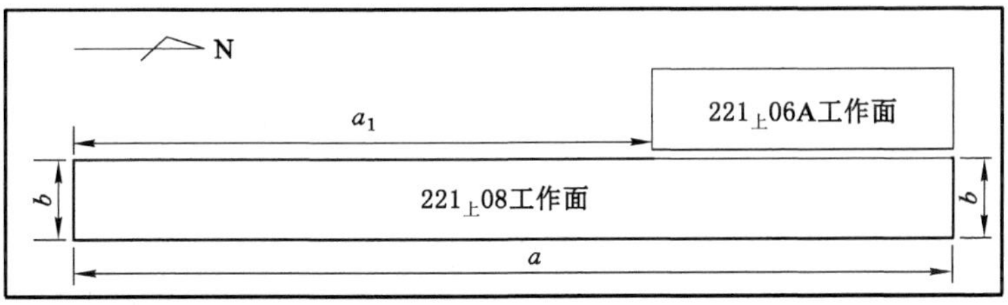

图 4-19　$221_上08$ 工作面三边进水示意图

表 4-6　$221_上08$ 工作面涌水量及计算参数

参数		直罗组	延安组
$K/(m/d)$		0.026 5	0.033
M/m		49.3	36.21
H/m		547.42	547.95
L/m		5 920	5 920
R/m		891.14	995.4
$Q/(m^3/d)$		4 537	3 765
$Q_总$	(m^3/d)	8 302	
	(m^3/h)	346	

③ 洛河组漏失量计算

$221_上06$A 工作面推进过程中涌水量随推进距离的变化情况如图 4-20 所示。由图 4-20 可以看出,工作面推进距离为 500～700 m 时,正常涌水量约为 350 m^3/h,推进 800 m 后,工作面正常涌水量增至 500 m^3/h 左右,正常涌水量增加部分是洛河组水漏失造成的。因此,确定 $221_上08$ 工作面洛河组水漏失量约为 150 m^3/h。

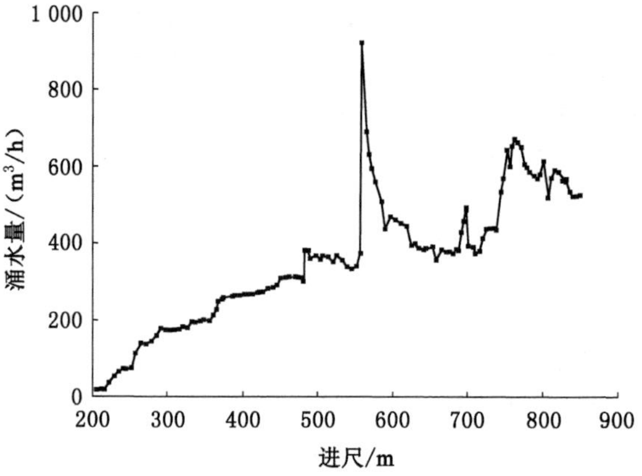

图 4-20　$221_上06$A 工作面推进过程中实际涌水量

④ 涌水量综合确定

首先,由于该工作面回采期间导水裂缝带高度较大,井下钻机实施探放水孔实际钻进至导水裂缝带以上位置难度大等因素,顶板静储量水超前疏放难度大或者无法有效疏放,在开采期间易造成最大涌水量上升;其次,考虑 $221_上06$A 工作面开采期间发生离层突水时涌水量较正常涌水量增加 600 m^3/h 左右以及洛河组漏失量可达 150 m^3/h 的情况,最终确定 $221_上08$ 工作面正常涌水量为 346 m^3/h,洛河组水发生漏失时正常涌水量达 496 m^3/h 左右,最大涌水量为 946 m^3/h。

4.2.2　离层水害防治方案

(1) $221_上01$ 工作面水害防治方案

① 剩余开采段顶板砂岩裂隙水探放水方案

石拉乌素矿主要含隔水层自上而下依次为：第四系松散层含水层、白垩系洛河组含水层、安定组相对隔水层、直罗组含水层、延安组砂岩含水层。其中，延安组为含煤地层。石拉乌素矿主采煤层埋深大，$221_{上}01$ 工作面顶板覆岩含水层具有高承压、低渗透的特点。防治水工作的重点是防止顶板突发性大量涌水形成灾害，应做好工作面顶板水文地质条件探查，查明顶板砂岩含水层富水区域，并进行超前探放水。

进行探放水孔布置时，钻孔施工高度要参考顶板强富水岩体分布特征，表 4-7 统计了 $221_{上}01$ 工作面南段内 K15、K23 钻孔及工作面南段附近 K30、K08 钻孔导水裂缝带内的含水层距离煤层顶板的距离及含水层厚度。

表 4-7　石拉乌素矿 $221_{上}01$ 工作面导水裂缝带内砂岩含水层距煤层顶板距离及层厚统计

K08 孔(煤厚 4.54 m，导水裂缝带高度 111.50 m)				K15 孔(煤厚 4.85 m，导水裂缝带高度 119.11 m)				K23 孔(煤厚 4.42 m，导水裂缝带高度 108.56 m)				K30 孔(煤厚 4.85 m，导水裂缝带高度 119.11 m)			
砂岩粒径	距煤层距离/m		层厚/m	砂岩粒径	距煤层距离/m		层厚/m	砂岩粒径	距煤层距离/m		层厚/m	砂岩粒径	距煤层距离/m		层厚/m
	起	止			起	止			起	止			起	止	
细	104.8	118.0	13.2	中	113.47	121.07	7.60	粗	90.45	101.84	11.39	细	102.00	110.20	8.20
粗	49.5	62.4	12.9	中	81.32	92.32	11.00	粗	69.65	77.10	7.45	中	71.86	79.16	7.30
中	35.0	49.5	14.5	中	53.77	62.62	8.85	粗	58.50	60.50	2.00	中	36.31	50.06	13.75
细	20.5	26.4	5.9	中	26.50	51.77	25.27	中	41.70	56.60	14.90	细	1.01	10.20	9.19
细	1.5	20.1	18.6	细	9.29	18.59	9.30	中	8.40	15.26	6.86				
				中	1.30	9.29	7.99	细	0	1.10	1.10				

由表 4-7 可看出，富水性相对较强的中、粗砂岩在导水裂缝带高度 60 m 范围内分布均匀，在导水裂缝带高度 70～120 m 范围内，只在 K15、K23 钻孔附近存在富水性相对较强的中、粗砂岩。因此，建议将探放水孔设计为垂高 60 m 和垂高 120 m 两种，终孔间距≤80 m。具体探放水孔布置如图 4-21 所示。

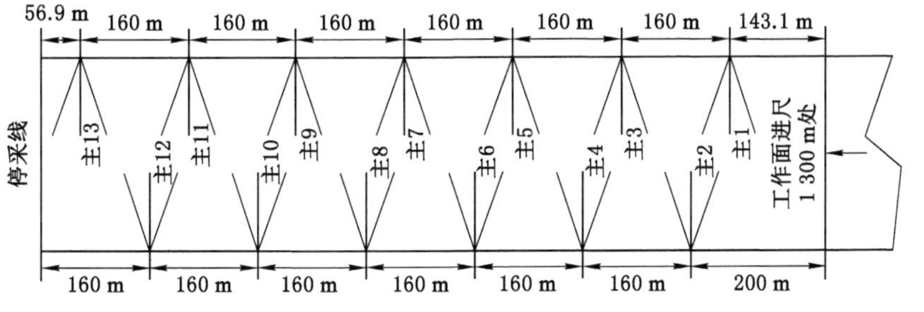

图 4-21　石拉乌素矿 $221_{上}01$ 工作面顶板探放水孔布置图

共计施工 13 个主探放水孔，与顺槽垂直，朝向工作面内，仰角 47°，孔深 164.1 m，终孔垂高 120 m，水平投影长 111.9 m。每个主探放水孔两侧施工补充放水孔，仰角 26°，孔深

136.9 m,终孔垂高 60.0 m,水平投影长 123.0 m,与主探放水孔呈 19°夹角。以此方案布置顶板探放水孔保证了终孔间距≤80 m 的要求(图 4-21)。

具体施工时,钻孔钻进顺序为先钻进主探放水孔,若主探放水孔涌水量大于 10 m^3/h,则需要钻进两侧补充放水孔以满足放水要求。保证顶板水压疏降至 1 MPa 以下、单孔涌水量降至 5 m^3/h 以下时才可进行煤层回采。

② 离层水害防治方案

离层水的防治工作重在预防,结合石拉乌素煤矿 $221_上01$ 工作面实际,根据离层水防治基本原理可知,井下施工疏放孔可同时实现破坏离层封闭性及切断离层补给水源的目的,具有较好的防治水效果。

前文分析表明,2 煤回采后在其上覆岩层中形成的离层水体隐患主要为局部的直罗组离层水源。考虑直罗组埋深普遍大于 450 m,且直罗组顶界面至煤层顶板距离约 200 m 的地层实际,具体防治水方案为:增加 2 煤顶板砂岩探放水孔的深度,使得该类钻孔钻进至 2 煤导水裂缝带以上一定深度,穿透导水裂缝带发育高度 50 m,从而避免在 2 煤顶板离层带中聚集形成离层水体,达到疏放离层水的目的。结合停采线附近硐室实际位置,钻孔参数和设计方案示意图见表 4-8 和图 4-22,钻孔平面布置图如图 4-23 所示。具体钻孔参数,矿方可根据实际情况进行调整,但需保证探测垂高不小于 175 m。

表 4-8 井下探放离层水钻孔参数

钻机位置	孔号	方位角/(°)	倾角/(°)	孔深/m	孔径/mm	探测垂高/m	平距/m
胶运巷 8# 硐室	离-1	90	45	247.49	75	175	175
	离-2	150	45	247.49	75	175	175
胶运巷 9# 硐室	离-3	90	45	247.49	75	175	175
	离-4	155	45	247.49	75	175	175

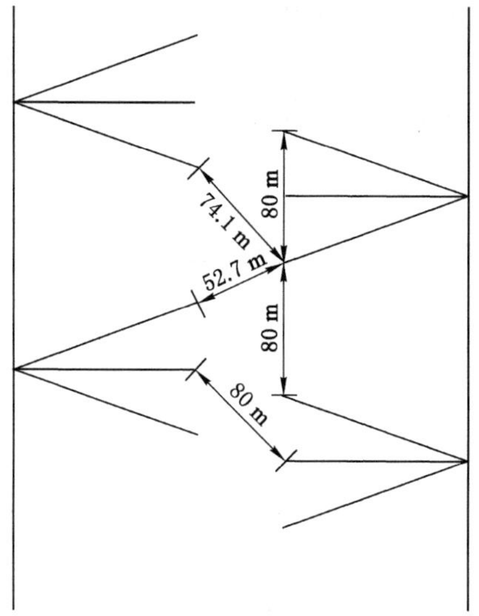

图 4-22 石拉乌素矿 $221_上01$ 工作面顶板探放水孔终孔端间距示意图

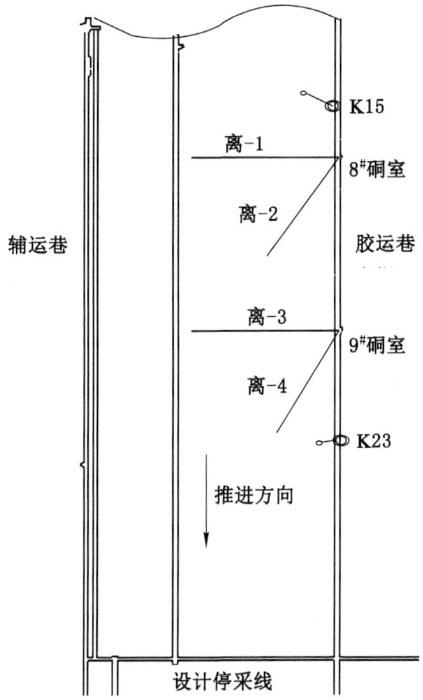

图 4-23　石拉乌素矿 $221_上01$ 工作面井下探放离层水钻孔平面布置图

同时还建议加快开采推进速度，以减少离层空间内水体的积聚量，降低离层水害危险性。此外，可与上述 $221_上01$ 工作面剩余采段探放水方案结合，将主 6、主 8 探放水孔及其辅助放水孔按照表 4-8 中钻孔参数进行施工，主 6、主 8 探放水孔同时疏放顶板离层水与导水裂缝带内砂岩裂隙水。

(2) $221_上08$ 工作面水害防治方案

① 顶板砂岩裂隙水防治方案

顶板砂岩裂隙水防治工作的重点是防止顶板突发性大量涌水形成灾害，做好工作面顶板水文地质条件探查，查明顶板砂岩含水层富水区域，并进行超前探放水。

进行探放水孔布置时，钻孔高度要参考顶板强富水岩体分布特征，统计了 $221_上08$ 工作面附近 K40、K47、K55、K62、K72、补 1-1 孔导水裂缝带之内的含水层距煤层顶面的距离及含水层厚度。结果表明，富水性相对较强的中砂岩分布范围主要集中在三个位置：煤层顶板以上 1～30 m、40～80 m、160～220 m。因此，建议将探放水孔垂高设计为 200 m，另外考虑相邻 $221_上06$A 工作面涌水对 $221_上08$ 工作面北段含水层的疏排影响，将 $221_上08$ 工作面北段钻窝间距设置为 480 m，南段钻窝间距设置为 240 m。

布置探放水孔时，为防止钻孔发生交叉的情况，在工作面两侧巷道中将钻窝交错布置。工作面内初步设计主放水孔 26 个，每个主放水孔两侧分别有 1 个补充放水孔，在工作面北段设置加密孔。

具体施工时，钻孔钻进顺序为先钻进主放水孔，若主放水孔涌水量大于 15 m^3/h，则需要钻进两侧补充放水孔以满足放水要求；若相邻硐室的主放水孔单孔涌水量均大于 15 m^3/h，则需要在相邻两硐室之间钻进加密孔。优先进行距开切眼 600 m 范围的疏放水，保证该范围内疏放水时间不少于 2 个月、顶板水压疏降至 1 MPa 以下、单孔流量降至 5 m^3/h 以下再进行煤层回采,并实施工作面后半段的疏放水工程。

根据矿井最大涌水量设计排水设施的排水能力,充分利用煤层底板起伏情况,因地制宜地进行排水系统的布设。

工作面东侧顺槽最低点位于 K62、K63 钻孔连线与顺槽相交处,高程约 685.5 m,距离开切眼约 1 770 m;西侧顺槽最低点位于 K55 钻孔附近,高程约 685.7 m,距离开切眼约2 220 m。

a. 工作面排水

考虑煤层底板起伏情况,工作面底板标高从开切眼处至 1 770 m 处整体上从南到北逐渐降低,东侧顺槽最低点位于距开切眼 1 770 m 处,回采前段工作面积水可自行顺坡流至东侧顺槽最低点处。初步建议在煤层底板标高 685.5 m 处(东侧顺槽距离开切眼 1 770 m 处)开挖与 $221_{上}10$ 工作面之间的联络巷,以汇集开采期间的工作面淋、涌水,辅以两路 DN275 排水管(排水管架设在 $221_{上}10$ 工作面西侧顺槽内)、6 台 BQW140-50-55 型水泵(4 台工作、2 台备用)。开采期间工作面涌水可自行流动汇集至泄水联络巷,再经排水管排至大巷排水沟。保证排水能力不低于 800 m^3/h。

西侧顺槽最低点位于距离开切眼 2 220 m 处(K55 钻孔附近),由底板等高线图可以看出,工作面西侧钻孔 K47 与 K62 之间区域工作面涌水主要汇集于 K55 钻孔附近,需在西侧顺槽最低点(距开切眼 2 220 m 处)开挖长×宽×深=5 m×2 m×1 m=10 m^3 的排水池,一方面汇集 $221_{上}08$ 工作面涌水,另一方面汇集 $221_{上}06A$ 工作面采空区涌水,并配置 2 台 BQW140-50-55 型水泵,用于抽排排水池积水;在距开切眼 2 111 m 处开挖泄水联络巷,与 $221_{上}06A$ 工作面开切眼打通,联络巷内布置 3 台 BQW140-50-55 型水泵(2 台工作、1 台备用),开采期间工作面涌水可自行流动汇集至泄水联络巷,再经 $221_{上}06A$ 工作面开切眼排至大巷排水沟。

b. 探放水工程排水

东西顺槽各配置一路 DN250 管路,与顶板探放水孔相连,用于疏排探放水期间由探放水孔探放出来的顶板砂岩水,也可用来疏排工作面积水。

c. 开切眼处排水

开切眼附近配置 9 台 BQW80-60-22 型移动水泵,一路 DN250 管路,用于低洼处积水的抽排至两侧顺槽排水管内。

前文预计工作面最大涌水量为 946 m^3/h,配套排水设备排水能力应在 20 h 内排出工作面 24 h 最大涌水量的积水,即 $221_{上}08$ 工作面排水系统的总排水能力不低于 1.2×946 m^3/h=1 135.2 m^3/h。但根据石拉乌素煤矿防治水经验,$221_{上}08$ 工作面排水系统的总排水能力要不低于 1.5×946 m^3/h=1 419 m^3/h。最终,建议 $221_{上}08$ 工作面排水系统的总排水能力要不低于 1 419 m^3/h。

② 离层水害防治方案

a. 施工工作面地表直通式离层水导流孔

根据崔木矿区地表直通式离层水导流孔的成功经验,结合 $221_{上}08$ 工作面工程地质条件,设计在石拉乌素煤矿 $221_{上}08$ 工作面布置 3 个钻孔(导流孔-1、导流孔-2、导流孔-3)(图 4-24)。其中,导流孔-3 用于疏放周期性离层积水。每个钻孔均设计为一孔四用(离层水导流、离层动态发育钻孔电视成像监测、导水裂缝带高度探查、志丹群水位长期监测孔），煤层开采期间作为直通式导流孔泄水，通过观测孔内水位探查导水裂缝带发育高度，采用钻孔电视成像探查裂隙（离层、导水裂缝带高度）发育特征，煤层开采后封闭钻孔下段作为志丹群水位长观孔。

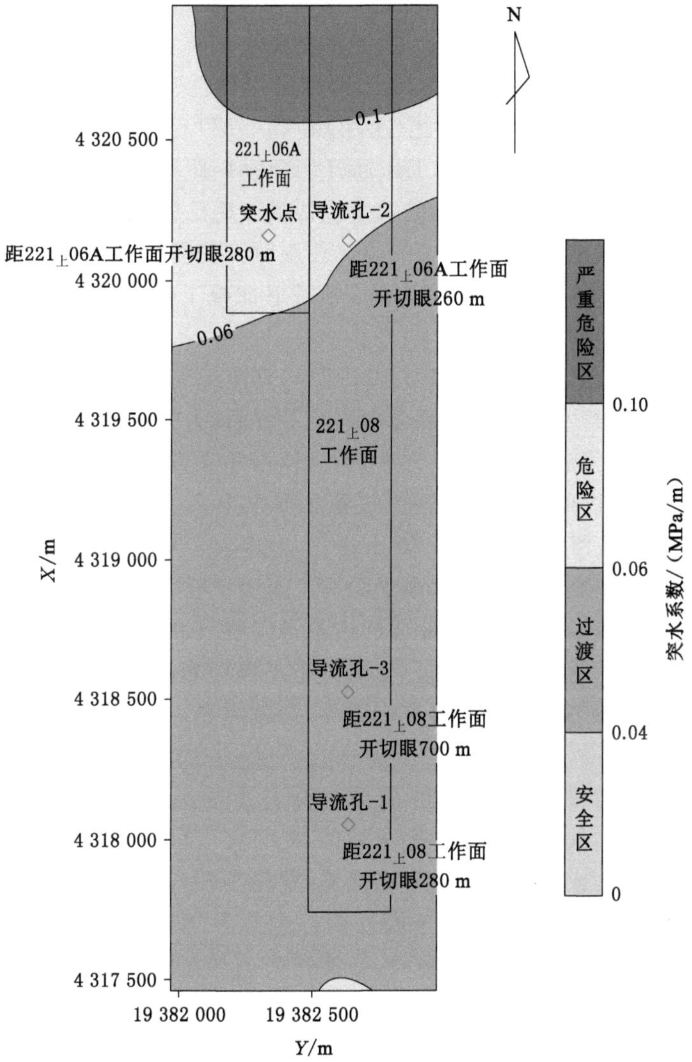

图 4-24 石拉乌素矿 221$_{上}$08 工作面地面直通式导流孔布置图

导流孔-1、导流孔-2、导流孔-3 布孔位置的选取依据如下。

导流孔-1 布孔依据：由于 221$_{上}$08 工作面与 221$_{上}$06A 工作面相邻，工程地质条件相近，这里参考 221$_{上}$06A 工作面出水位置，当回采至距开切眼约 560 m 时，离层水积聚规模最大，对应的离层积水中心点在距 221$_{上}$06A 工作面开切眼垂向距离 280 m 处，由此在 221$_{上}$08 工作面内设计的导流孔-1 的位置为 221$_{上}$08 工作面内距 221$_{上}$08 工作面开切眼垂向距离 280 m 处。

导流孔-2 布孔依据：由于 221$_{上}$06A 工作面在距 221$_{上}$06A 工作面开切眼垂向距离 280 m 处有过离层积水，考虑该离层积水在回采期间对 221$_{上}$08 工作面的影响，需在 221$_{上}$08 工作面

内距 $221_{上}06A$ 工作面开切眼垂向距离 280 m 附近施工离层水导流孔-2;进一步地,考虑导流孔-2 在疏导 $221_{上}08$ 工作面内距 $221_{上}06A$ 工作面开切眼垂向距离 280 m 处的离层水的同时还需兼顾提前将 $221_{上}06A$ 工作面旧有离层水对 $221_{上}08$ 工作面的影响消除掉,确定导流孔-2 的位置为 $221_{上}08$ 工作面内距 $221_{上}06A$ 工作面开切眼垂向距离 260 m 处。

导流孔-3 布孔依据:导流孔-3 用于疏放第一次周期性离层积水,根据离层水突水规律,周期性离层水突水发生时,每次新增进尺为首次突水进尺的一半。参考 $221_{上}06A$ 工作面离层水突水情况可知,离层水首次突水进尺为 560 m,则首次周期性突水进尺为 560 m+280 m=840 m,对应的首次周期性离层积水最大位置为 560 m+280 m/2=700 m,由此确定导流孔-3 的位置为 $221_{上}08$ 工作面内距 $221_{上}08$ 工作面开切眼垂向距离 700 m 处。需要注意的是,实际疏放周期性离层积水所需的导流孔的数量应根据前期已施工导流孔所观测到的离层发育情况及实际使用效果确定,若前期施工的导流孔观测到白垩系内及白垩系底部存在较大规模离层,且疏放离层水期间钻孔涌水量较大,则需追加施工导流孔,且相邻导流孔的布孔间距为 280 m。

$221_{上}08$ 工作面主要的离层水害隐患为志丹群与安定组交界处及志丹群内部的可积水离层,这些离层空间的补给水源为志丹群含水层。一方面,为减少志丹群砂岩孔隙裂隙水的流失,需在白垩系层段内下放套管;另一方面,为了使白垩系内对工作面构成较大威胁的离层水能疏排掉,将白垩系内的套管下放至白垩系底界之上 70 m 处(实际工程实施时,套管下到界面之上 20 m,即保留白垩系底部 20 m 裸孔,泄离层积水)。

由于志丹群与安定组交界处的积水离层距离工作面更近、水压更大,其对工作面造成的威胁相比志丹群内部积水离层更大,其造成的突水危险性已在前文做过分析、评价,但对志丹群内部的离层水的突水危险性还未知。为减少志丹群砂岩孔隙裂隙水的流失,需将那些对工作面威胁不大的离层隔离开而不再进行疏导,这就需要对志丹群内部的离层水的突水危险性进行评价。

对于志丹群内部的离层而言,纵向上,自志丹群底界向上,随着离层距离采空区越来越远、志丹群水压越来越小,其突水危险性逐渐降低,此时可以假设高于志丹群底界之上 h 处的离层水不再对工作面构成威胁。通过对比计算,发现当 $h=70$ m 时,h 之上的离层水在导流孔-1、导流孔-2 与导流孔-3 处的突水危险性刚好全部为"安全"等级,即志丹群底界之上 70 m 处及其之上的离层水不会在导流孔-1、导流孔-2 与导流孔-3 处对工作面构成威胁,因此,可不用对其内的离层水进行疏导。由此确定白垩系内的套管应下放至白垩系底界之上 70 m 处。离层水突水危险性分区如图 4-25 所示。

该方案下的钻孔结构为导流孔在地面至进入基岩地层 20 m 处下套管固结(第四系套管),之后钻进至白垩系底界之上 70 m 处下套管固结(白垩系套管),之后下部的孔段均为裸孔段,孔径为 177 mm,施工至距离煤层顶界面 50 m 处终孔。

b. 施工井下离层水导流孔

虽然地表直通式导流孔的施工技术较成熟,但考虑地表直通式导流孔在疏放白垩系离层水的过程中也会将一定量的白垩系孔隙裂隙水疏放至采空区,既造成白垩系水资源的浪费,又不可避免地会增加矿井涌水量,所以,采用井下离层水导流孔导流白垩系离层水的方案作为离层水害防治备用方案。考虑井下导流孔的终孔垂高不应小于 320 m,井下施工传统倾斜式探放水孔的难度极大,所以采用施工水平孔的方式来完成井下离层水导流孔的施工。

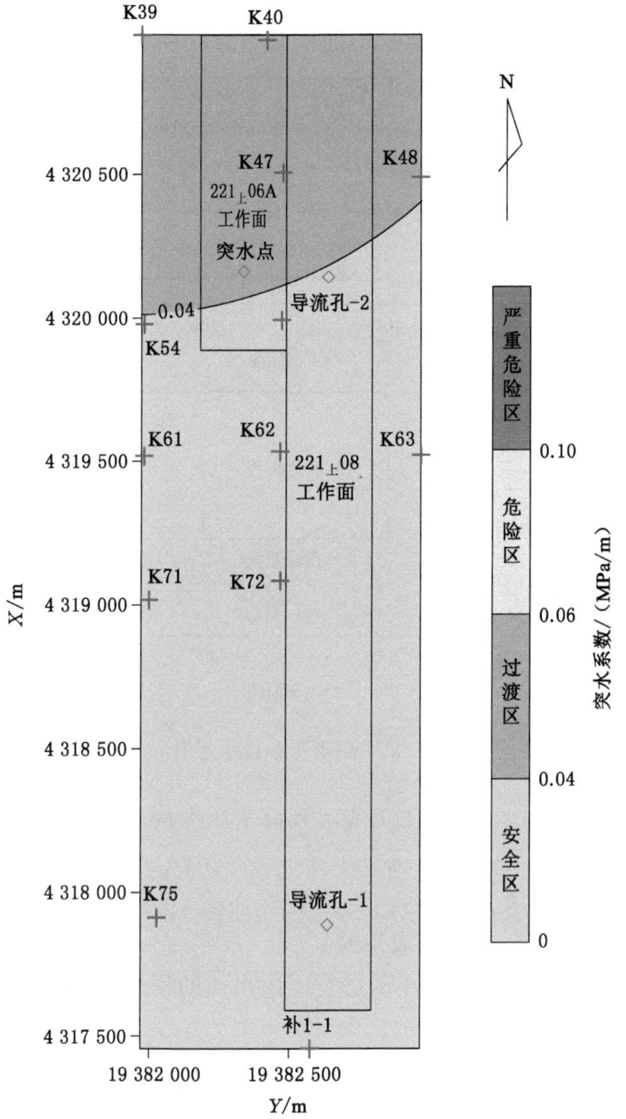

图 4-25　石拉乌素矿 $221_{上}08$ 工作面志丹群底界之上 70 m 处离层水突水危险性分区

考虑距工作面开切眼 560 m 范围内存在较大离层水突水的可能，且 $221_{上}08$ 工作面北段与 $221_{上}06A$ 工作面采空区重叠部分极有可能受到 $221_{上}06A$ 工作面覆岩内长时间积聚的离层水的影响，这里针对 $221_{上}08$ 工作面距开切眼 560 m 范围内及 $221_{上}08$ 工作面与 $221_{上}06A$ 工作面采空区重叠部分设计了相应的井下离层水导流孔。所有井下离层水导流孔的终孔位置均应穿过白垩系底部，即终孔垂高不应小于 320 m。

c. 施工井下水平注浆孔

为了从根源上将白垩系离层水害威胁降到最低，拟采用水平注浆孔对白垩系底部含水层进行改造。水平注浆孔是针对离层水害隐患部位，由井下施工的一组(一组一般两个)钻孔，通过注浆对含水层进行定向改造，降低含水层的渗透系数。本次水平注浆定向改造的位置为白垩系底部含水层,注浆范围为距停采线 200～400 m 范围的"严重危险区",注浆孔开孔位置位于停采线中心处,两孔间距 40 m,注浆孔布置如图 4-26 所示。

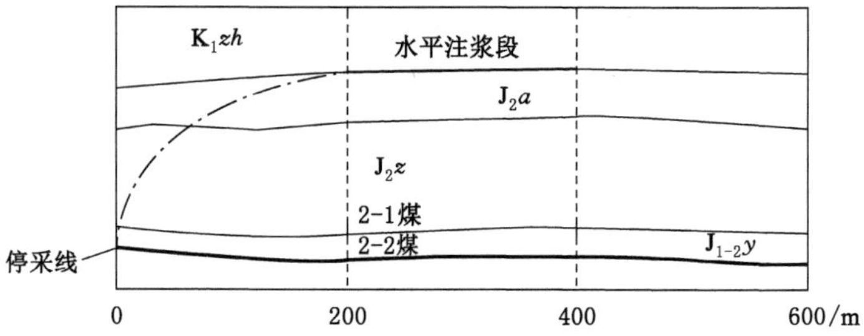

(a) 剖面图

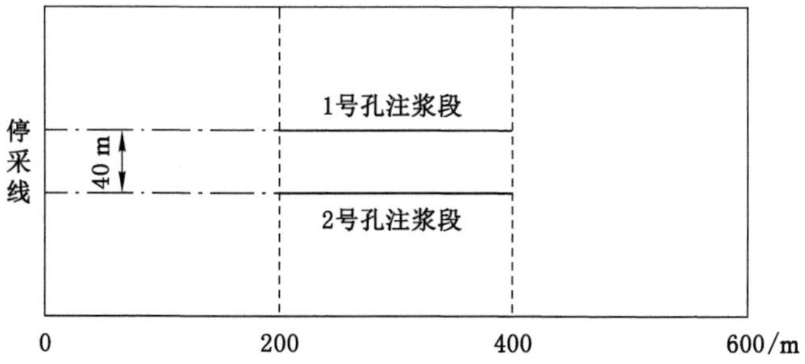

(b) 平面图

图 4-26　注浆孔布置示意图

注浆层位达到弱透水层时,终止压力应达到静水压力的 2～3 倍,$221_上08$ 工作面内洛河组水压为 3 MPa 左右,因此注浆终止压力不宜小于 6 MPa。注浆段注浆结束指标应根据地质条件、注浆压力、注浆量、段高等确定,当注浆段在达到终止压力后,每米注入率不大于 1 L/min 时,继续灌注 30 min 即可结束注浆。

同时还建议加快推进速度,以减小离层空间内水体的积聚量,降低离层水害危险性。

d. 施工地面水平注浆孔

与前述施工井下注浆孔的注浆层位一致,均为了改造白垩系底部含水层,兼顾加固安定组风化带。但注浆孔开孔位置为地表。采用"施工一个地表垂直钻孔＋若干地下水平分支钻孔"的工艺完成注浆孔的施工,陇东煤田核桃峪煤矿采用过这种注浆手段(图 4-27)对白垩系洛河组含水层底部进行改造,注浆位置深度与石拉乌素煤矿相近。

综合对比上述四种离层水害防治方案可以看出:施工地表直通式导流孔能够直接对离层水进行多次疏放,且地表直通式导流孔还可实现一孔四用,所以地表直通式导流孔的优点是技术成熟、施工简单、功能多样,缺点是在疏导离层水的同时不可避免地会疏排掉一定量的白垩系水资源,继而会增加一定量的矿井涌水量。施工井下离层水导流孔及井下水平注浆孔的优点在于不会浪费白垩系水资源,但缺点是施工难度较大,需要借助水平定向钻进技术实现,工程量较地表直通式导流孔大,且当钻孔进入采空区范围后孔身结构即被破坏,钻孔功能也单一。施工地面水平注浆孔的优点是,施工难度较小,且技术成熟,缺点是孔身结构易受地层扰动破坏。

经综合对比可知,采用地表直通式离层水导流孔的可行性及功效更大。

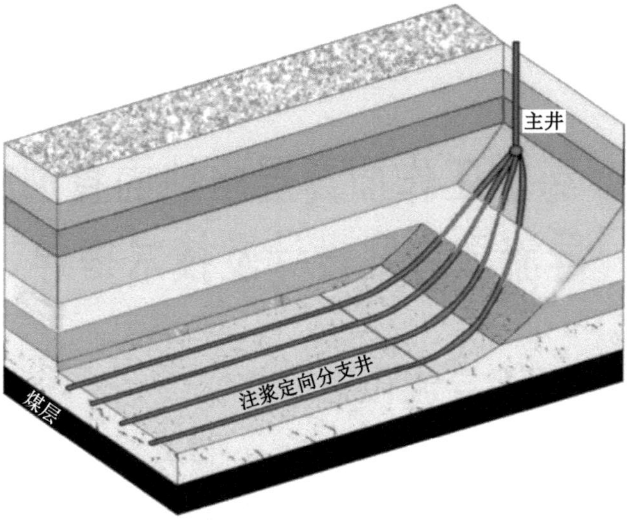

图 4-27 地面定向水平孔注浆减水工程示意图

5 综放工作面离层水地面直通式导流孔方案设计及技术指导

5.1 $221_{上}08$ 工作面导流孔施工背景

根据崔木煤矿离层水害防治的成功经验,结合石拉乌素煤矿开采实际,可采用地表直通式导流孔对石拉乌素煤矿 $221_{上}08$ 工作面离层水害进行防治。

(1) 技术背景

崔木煤矿位于永陇矿区麟游区东北端,隶属陕西永陇能源开发建设有限责任公司,开采深度为 626～790 m,矿区面积约 37.669 km^2,矿区范围内资源储量为 4.53 亿 t,规划生产能力为 400 万 t/a。在崔木煤矿 21301、21302 工作面回采过程中,一共发生了 16 次顶板涌突水事故(图 5-1)。通过事故分析可知,顶板涌突水应有离层水的加入,离层水害严重影响了工作面的正常回采。

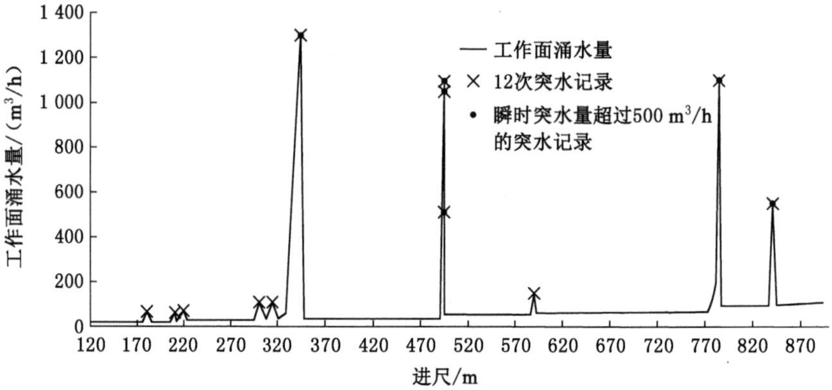

图 5-1 崔木矿 21301 工作面涌水量随进尺变化情况

(2) 防治效果

21303 工作面在回采期间,整体涌水量小于 30 m^3/h,但由于离层积水下泄通道封闭,洛河组含水层水位抬升,离层空间积水严重,2014 年 6 月 17 日至 7 月 14 日先后出现 3 次工作面涌水,涌水量为 250～400 m^3/h。所以应当对直通式导流孔进行及时透孔,确保离层水下泄导流发挥作用。21305、21308 和 22302 工作面在开采期间采用了地面直通式导流孔、井下疏放水孔、控制合理采高采速等措施,并对导流孔进行及时透孔,取得了明显的防治水效果。

21305 工作面在回采期间,直接顶砂岩裂隙水总淋水量约 10 m^3/h。离层水方面,工作面回采期间先后几次出现过少量涌水现象，但整体涌水量不大，2015 年 3 月 6 日工作面推进 1 087 m，21305 工作面高位巷密闭大量涌水，最大涌水量为 300 m^3/h，主要涌水通道应为采空区泄水孔和导水裂隙；2015 年 3 月 30 日工作面机头位置过断层面时，出现大量涌水，最大涌水量为 200 m^3/h，此次涌水主要受断层影响。

21308 工作面回采期间涌水量小于 40 m^3/h，仅在距开切眼 761 m 处发生涌水，涌水量约 100 m^3/h。22302 工作面回采期间涌水量小于 30 m^3/h。

各工作面最大瞬时涌水量大于 60 m^3/h 的涌突水次数及总涌水量对比见图 5-2，可以看出，21303、21305、21308 和 22302 工作面的涌突水次数和总涌水量大幅度减少，最大瞬时涌水量和总涌水量都在工作面排水系统可控的范围之内。

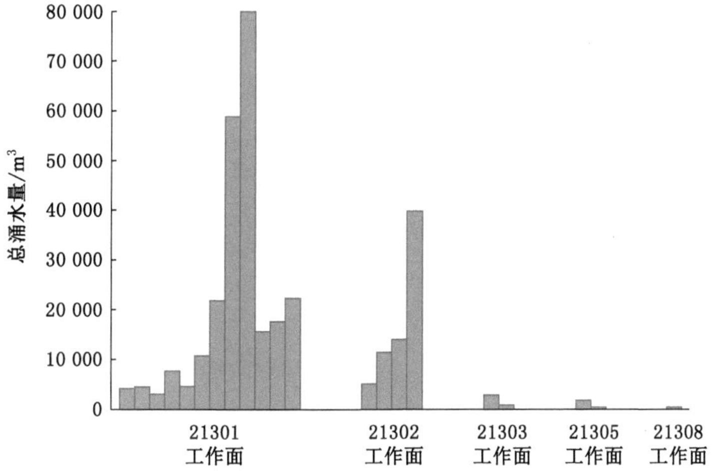

图 5-2　崔木矿各工作面最大瞬时涌水量大于 60 m^3/h 的涌突水次数及总涌水量

整体来看，21305、21308 和 22302 工作面涌水概率和涌水量均比 21301 和 21302 工作面有大幅度减小，防治水措施有效保证了崔木煤矿正常的开采进度，避免了水害事故的发生。

5.2 工作面离层水地表直通式导流孔设计方案

5.2.1 钻孔设计

通过施工地面直通式导流孔，破坏工作面顶板离层积水空间密闭性、疏放离层空间积水，实现防治 $221_上08$ 工作面的顶板离层水害目的；同时辅以钻孔窥视、孔内水位动态观测等手段，实现采动覆岩离层动态演化观测及导水裂缝带探查。

借鉴崔木矿离层水害防治成果、经验，结合 $221_上08$ 工作面工程地质条件，设计在石拉乌素矿 $221_上08$ 工作面布置 3 个钻孔（图 4-24 中导流孔-1、导流孔-2、导流孔-3）。其中，导流孔-3 用于疏放周期性离层积水。每个孔均设计为一孔四用（离层水导流、离层动态发育钻孔电视成像监测、导水裂缝带探查、志丹群水位长期监测孔）。

崔木矿最终呈规模应用的地表直通式导流孔全段均为裸孔，其优点是能够将整个白垩系离层水全部疏放掉,裸孔结构也便于后期透孔;其缺点是会造成一部分白垩系孔隙裂隙水的流失,对工作面排水系统造成一定的负担。因此,在设计导流孔结构时,应综合考虑各方面需求。$221_{上}08$ 工作面主要的离层水害隐患为志丹群与安定组交界处及志丹群内部的可积水离层,这些离层空间的补给水源为志丹群含水层。一方面,为减少志丹群砂岩孔隙裂隙水的流失,需在白垩系层段内下放套管;另一方面,为了使白垩系内对工作面构成较大威胁的离层水能疏排掉,白垩系层段内又不能全部被套管封隔,所以白垩系内套管的下放深度需要认真研究确定。

经过多次研讨决定,将导流孔-1 的白垩系套管下放至白垩系底界之下 5 m 处,导流孔-2 与导流孔-3 的白垩系套管下放至白垩系底界之上 20 m 处。如图 5-3 和图 5-4 所示。

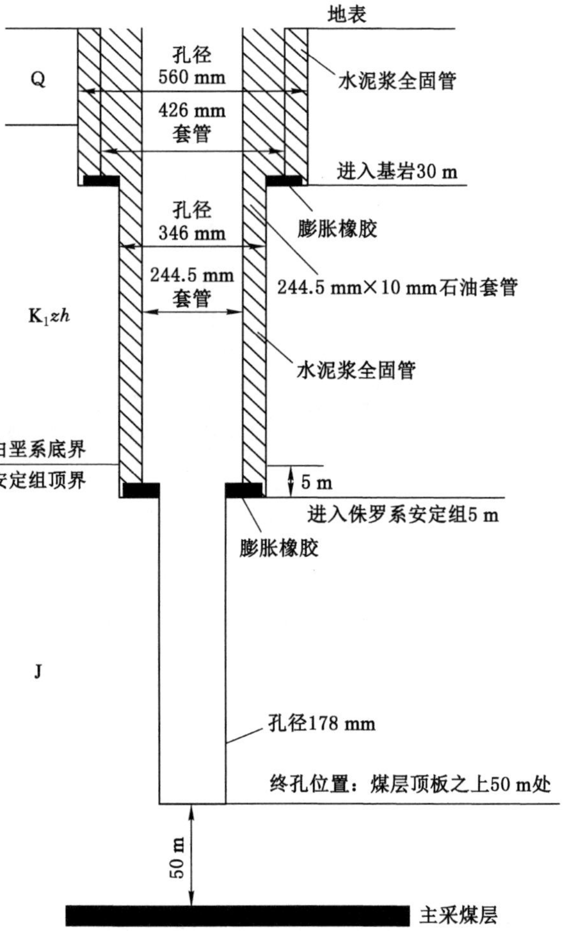

图 5-3　导流孔-1 结构设计示意图

由于导流孔-2、导流孔-3 的隔水套管下放至白垩系底界之上 20 m 处,出于安全考虑,还需计算未用套管阻隔的 20 m 白垩系岩层的涌水量。距 $221_{上}08$ 工作面最近的白垩系底部抽水试验孔为补 3 孔。

补 3 孔抽水试验得到的渗透系数分别为 0.408 5 m/d、0.435 m/d、0.464 5 m/d,计算时取最大值 0.464 5 m/d,白垩系水头高度为 206 m(据石拉乌素矿提供的最新的 2018 年 3 月补

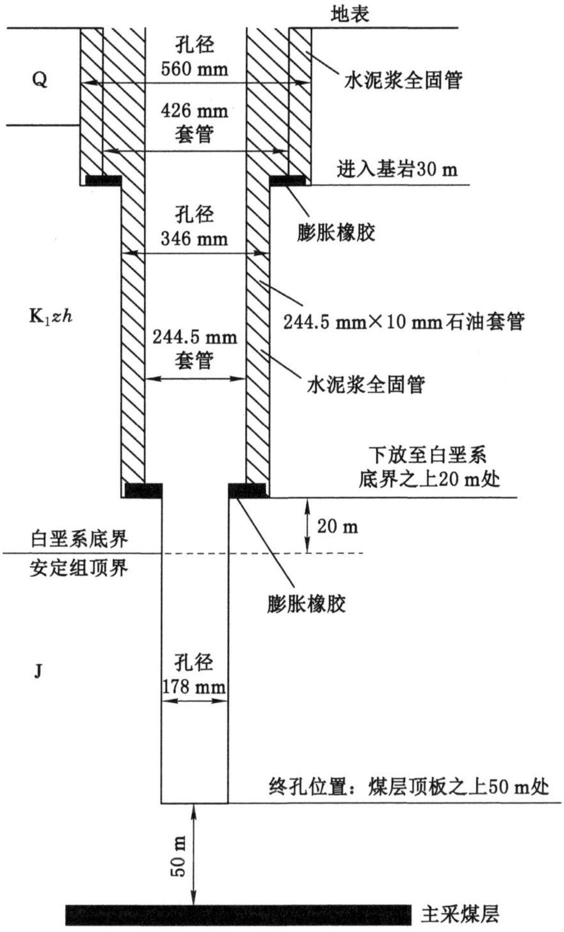

图 5-4　导流孔-2、导流孔-3 结构设计示意图

3 孔水位数据)；$221_{上}08$ 工作面的导流孔-2 裸孔直径为 178 mm，半径为 89 mm(0.089 m)，白垩系裸孔段含水层厚度为 20 m(即认为没封的 20 m 白垩系细砂岩全为含水层)。

① 当水位降深为 100 m 时，钻孔涌水量采用承压水井的裘布依公式计算：

$$Q=\frac{2\pi KMS_w}{\ln\dfrac{R}{r_w}} \tag{5-1}$$

式中　Q——钻孔涌水量，m^3/d；

K——渗透系数，m/d；

M——含水层厚度，m；

S_w——水位降深，m；

R——影响半径，m，$R=10S_w\sqrt{K}$；

r_w—钻孔半径，m。

$$R=10\times100\times\sqrt{0.4645}=681.54\ (m)$$

$$Q=\frac{2\pi\times0.4645\times20\times100}{\ln\frac{681.54}{0.089}}=652.33\ (\mathrm{m^3/d})=27.18\ (\mathrm{m^3/h})$$

② 当水位降深为 206 m(即白垩系水位降至底板)时,钻孔涌水量采用“承压转无压”公式计算:

$$Q=1.366K\frac{2HM-M^2-h_0^2}{\lg\frac{R_0}{r_0}} \tag{5-2}$$

式中 Q——钻孔涌水量,$\mathrm{m^3/d}$;

K——渗透系数,m/d;

H——水头高度,m;

M——含水层厚度,m;

h_0——降余水柱,m,水位降至含水层底板时 $h_0=0$;

R——影响半径,m,$R=10S\sqrt{K}$;

S——水位降低值,m;

r_0——钻孔半径,m。

R_0——引用影响半径,m,$R_0=R+r_0$。

$$R_0=10\times206\times\sqrt{0.4645}+0.089=1\ 404.07\ (\mathrm{m})$$

$$Q=1.366\times0.4645\times\frac{2\times206\times20-20^2-0^2}{\lg\frac{1\ 404.07}{0.089}}=1\ 184.98\ (\mathrm{m^3/d})=49.37\ (\mathrm{m^3/h})$$

由计算结果可知,降深为 100 m 时,未封闭段白垩系底 20 m 岩层预测最大涌水量为 27.18 $\mathrm{m^3/h}$;降深为 206 m(即白垩系水位降至底板)时,未封闭段白垩系底 20 m 岩层预测最大涌水量为 49.37 $\mathrm{m^3/h}$,故白垩系留 20 m 裸孔造成的涌水量不大,对 $221_{上}08$ 工作面安全生产不构成影响,而且可以用于白垩系底部离层观测。

5.2.2 钻孔施工

(1) 导流孔-1 施工流程要求

① 工作面推进至距钻孔 68~50 m 期间

在工作面推进到距钻孔 68~50 m 期间,需完成第一次钻进。具体任务包括:以 560 mm 孔径由地表钻进至进入基岩 30 m、完成水文常规测井及测斜、下放直径 426 mm 钢管(固口管)并用水泥浆封闭止水。

② 工作面推进至距钻孔 50 m~过钻孔 40 m 期间

在工作面推进到距钻孔 50 m~过钻孔 40 m 期间,需完成第二次钻进。具体任务包括:以 346 mm 孔径由进入基岩 30 m 处钻进至白垩系志丹群底界之下 5 m 处(其中,白垩系底界之上 70 m~白垩系底界之下 5 m 段共 75 m 必须采用取心钻进并进行标记)、水文常规测井及测斜、钻孔电视成像观测(因之后白垩系全段被套管封死后,无法再对白垩系内裂隙、离层进行观测,故建议在白垩系套管下放前对白垩系全段及白垩系之下 5 m 的安定组进行钻孔电视成像观测)、下放 244.5 mm×10 mm 石油套管(白垩系套管)并用水泥浆封闭止水。需要注意的是,该阶段白垩系套管不应下放过早,如果套管下放过早,会有很大可能出现套管受地层移动影响而发生较大变形的情况，继而影响后续钻进、透孔的顺利开展。

③ 工作面推进至过钻孔 40～100 m 期间

a. 在工作面推进至过钻孔 40 m 左右时，开始以 178 mm 孔径由白垩系志丹群底界之下 5 m 钻进至白垩系志丹群底界之下 30 m。随后对白垩系志丹群底界之下 5～30 m 段共 25 m 厚的侏罗系安定组风化带开展抽水试验（注：若开展安定组风化带抽水试验会影响钻孔施工进度，则抽水试验工作可不再进行，实际是否开展抽水试验应视现场工作进度决定）。预计该段钻进用时 2 d、抽水试验用时 3 d，按照 6 m/d 的开采速度预计，预计抽水试验结束时工作面已开采至过钻孔 70 m，抽水试验结束后须立即开展后续钻进工作。

b. 在工作面推进至过钻孔 100 m 前，需完成以 178 mm 孔径由白垩系志丹群底界之下 30 m 处钻进至煤层顶板之上 50 m 处的钻进任务，钻进期间认真记录该段钻孔冲洗液消耗量及孔内水位变化，以便对导水裂缝带高度进行分析。钻进结束、测井及测斜完成后，采用钻孔电视成像观测技术对孔内侏罗系全段孔壁裂隙进行探查（此时，因白垩系全段已全部被套管隔绝，无法再对白垩系内裂隙、离层进行观测，仅能对侏罗系内裂隙进行探查），进一步探测导水裂缝带发育范围，同时对孔内白垩系套管底部以下 30 m 段的离层分布情况进行重点观测。

④ 工作面推进至过钻孔 100～300 m 期间

a. 在工作面推进至过钻孔 150 m 时，进行第一次透孔，随后对钻孔孔壁裂隙进行第三次钻孔电视成像观测，重点观测白垩系套管底部以下 30 m 段的离层分布情况。

b. 在工作面推进至过钻孔 200 m 时，进行第二次透孔，随后对钻孔孔壁裂隙进行第四次钻孔电视成像观测，重点观测白垩系套管底部以下 30 m 段的离层分布情况。

c. 在工作面推进至过钻孔 280～300 m 期间，进行封孔。

(2) 导流孔-2、导流孔-3 施工流程要求

① 工作面推进至距钻孔 50 m 期间

在工作面推进至距钻孔 50 m 期间，需完成第一次钻进，并以小口径钻进至白垩系底界面下 20 m。具体任务包括：

a. 以 560 mm 孔径由地表钻进至进入基岩 30 m、完成水文常规测井及测斜、下放直径 426 mm 钢管（固口管）并用水泥浆封闭止水。

b. 以 178 mm 孔径由进入基岩 30 m 处钻进至白垩系志丹群底界面下 20 m，对白垩系底界面上下各 20 m（共 40 m 段）取岩心，确定白垩系、侏罗系界面位置及上下岩性；进行水文常规测井及钻孔测斜。

② 工作面推进至距钻孔 50 m～过钻孔 40 m 期间

在工作面推进到距钻孔 50 m～过钻孔 40 m 期间，需完成第二阶段钻进。具体任务包括：以 346 mm 孔径由进入基岩 30 m 处扩孔至白垩系志丹群底界面之上 20 m 处、下放 244.5 mm×10 mm 石油套管（白垩系套管）并以水泥浆封闭止水。需要注意的是，该阶段白垩系套管不应下放过早，如果套管下放过早，会有很大可能出现套管受地层移动影响而发生较大变形的情况，继而影响后续钻进、透孔的顺利开展。

③ 工作面推进至过钻孔 40～100 m 期间

在工作面推进到过钻孔 40～100 m 期间，需完成第三阶段钻进。具体任务包括：以 178 mm 孔径由白垩系底界面下 20 m 处钻进至煤层顶板之上 50 m 处。钻进结束、测井及

测斜完成后,对整个裸孔段进行第一次钻孔电视成像观测,同时对孔内白垩系底部及白垩系-侏罗系交界面附近离层、安定组顶部覆岩裂隙进行重点观测。

④ 工作面推进至过钻孔 100～200 m 期间

a. 在工作面推进至过钻孔 150 m 时,进行第一次透孔,随后对整个裸孔段进行第二次钻孔电视成像观测,同时对孔内白垩系底部及白垩系-侏罗系交界面附近离层、安定组顶部覆岩裂隙进行重点观测。

b. 在工作面推进至过钻孔 200 m 时,进行第二次透孔,随后对整个裸孔段进行第三次钻孔电视成像观测,同时对孔内白垩系底部及白垩系-侏罗系交界面附近离层、安定组顶部覆岩裂隙进行重点观测。其间,若判断出导流孔不再连通时,可根据实际情况增加透孔次数。

c. 在工作面推进至过钻孔 250 m 时,第三次透孔,进行第四次钻孔电视成像观测后封孔。

5.2.3 注意事项

① 为确保地面直通式导流孔顺利疏放离层积水,应严格保证施工工序,在用水泥浆封闭导流孔前,钻机中途不得退场。

② 冲洗液漏失量观测:冲洗液漏失量观测应按照《导水裂缝带高度的钻孔冲洗液漏失量观测方法》(MT/T 865—2000)中的观测技术要求实施,应按要求的格式记录、整理数据。

③ 水位观测:施工进入白垩系底界面上部 30 m 后,应连续观测钻孔水位变化。观测频次为:工作面推至钻孔位置前,每天不少于 2 次;推过钻孔至过钻孔 40 m,每天不少于 4 次;推过钻孔 40～100 m,4 h 1 次;推过钻孔 100～280 m,每天不少于 4 次。

④ 抽水试验:抽水试验具体要求可参考相关规程、规范。在孔内水量允许时,进行一次三降程稳定流抽水试验,并进行恢复水位观测。如水量较小无法开展稳定流抽水试验,进行最后一次最大降深非稳定流降深试验。在每次抽水试验时,要求对已成孔的附近观测孔进行同步水文观测,抽水延续时间不少于 24 h,稳定时间不少于 8 h,并进行水位恢复观测。

⑤ 常规测井:常规测井参数包括视电阻率、自然电位、自然伽马、井径、井斜,要求解释地层岩性、井径、井斜、裂隙发育程度。

⑥ 钻探取心:完整岩层采取率不得低于 75%,破碎带不得低于 60%。取心时应保证岩心完整,岩心要洗净,按顺序排列整齐,严禁颠倒,编号、照相、装箱并妥善保管。仔细描述岩性、结构和构造等。

⑦ 钻孔电视成像:对钻孔进行全孔壁成像、录像,观测裂隙产状及发育情况,定量分析采动顶板岩层的离层裂缝发育程度。

⑧ 导流孔透孔:对导流孔反复透孔,确保钻孔与下方工作面采空区一直处于连通状态,是疏放煤层顶板离层空间积水的关键措施。除本方案规定的工作面推进至过钻孔 150 m、200 m 进行的两次透孔外,工作面回采期间,特别是工作面推采至距钻孔平面距离 280 m 范围以内时,利用工作面推进距离、涌水量、孔内水位高度及是否吸风等现象分析判断钻孔与下方工作面采空区的连通情况,当判断出导流孔不再连通时,可根据实际情况补加透孔次数。回采期间,如果钻孔与采空区连通情况较好,则表明被钻孔揭穿的离层空间积水处于持续被疏放状态,此时不需要进行透孔。当孔内水位出现上升趋势,或者孔口吸风现象不明

显，或者吸风现象时有时无等反映钻孔与下方工作面采空区可能存在连通不畅情况时，应及时进行透孔，确保钻孔与下方工作面采空区一直处于连通状态，从而达到疏放煤层顶板离层空间积水的目的。应分析、积累地面直通式导流孔施工、透孔、与采空区畅通情况等方面的经验。每次透孔期间，应严格按照《导水裂缝带高度的钻孔冲洗液漏失量观测方法》(MT/T 865—2000)做好冲洗液漏失量观测记录，并详细测定钻孔水位。

⑨ 观测精度：常规观测项目及相应的观测内容、观测仪器、观测精度要求如表 5-1 所示。

表 5-1　观测项目及相应的观测内容、观测仪器、观测精度要求

观测项目	观测内容	观测仪器、工具	观测精度
冲洗液漏失量	水源箱内原有水量、钻进过程中加入水量、水源箱内剩余水量、测量时间、钻进进尺、孔深	浮标尺、秒表、测尺、钻杆	孔深误差<0.15%，浮标尺读数误差<5 mm
孔内水位	每次起钻后、下钻前钻孔水位，停钻期间孔内水位，观测时间	测绳、秒表、电测深仪	
冲洗液循环中断	冲洗液不能返回水源箱时的钻孔深度、时间。如采用加注水使冲洗液循环正常，则应记录注入的水量	钻杆、测尺、秒表	进尺读数误差<10 mm
异常现象	向钻孔内吸风或瓦斯涌出、掉钻、卡钻、钻具震动及相应的孔深	钻具、测尺	
岩心鉴定	白垩系底界上下各 20 m 段取心，岩层层位、岩性、倾角、破碎状况		水位深度误差<100 mm
钻孔电视成像	裸孔段岩层(白垩系及侏罗系岩层)离层、导水裂隙发育情况	钻孔成像仪	裸孔全段岩层至终孔，连续成像

每次透孔后，随即采用钻孔电视窥视的方法开展孔壁裂隙探查，实现采动覆岩裂隙(含离层)演化动态监测。

5.3　成果分析

基于导流孔-1、导流孔-2 与导流孔-3 的施工情况，判定第四系底界深度为 9.5 m(导流孔-1)～26.15 m(导流孔-3)、白垩系底界深度为 333.1 m(导流孔-1)～341.75 m(导流孔-2)、安定组底界深度为 395.0 m(导流孔-2)～413.8 m(导流孔-3)，并对白垩系底界上下约 20 m 进行了取心，查明了可观测层段裂隙(含离层)的发育情况，对覆岩离层水进行了一定量的疏导。下面重点对导流效果、覆岩裂隙(含离层)发育情况、导水裂缝带高度预计做详细介绍。

5.3.1　现场施工概况

石拉乌素煤矿 $221_{上}08$ 工作面导流孔-1、导流孔-2 和导流孔-3 均由兖矿东华建设有限公司地矿建设分公司负责施工。如图 5-5 所示。

(a) 导流孔-1

(b) 导流孔-3

图 5-5 石拉乌素矿 $221_{上}08$ 工作面地面直通式导流孔施工现场

其中,导流孔-1 于 2020 年 1 月 8 日开始钻进,2020 年 4 月 7 日完成钻探任务,共计完成钻探进尺 540.90 m,经施工单位向相关单位汇报后一致认为该孔达到导水目的,同意终孔,终孔位置为 2-2 煤顶板以上 106.08 m 处。终孔后,施工单位根据设计要求在工作面推过钻孔 94 m、135 m、203 m、280 m 及 364 m 分别进行了孔内电视成像观测。2020 年 5 月 13 日,按照一孔多用的原则,充分发挥导流孔-1 作用,进行了分段封闭,并对 327～330.00 m、306～310.00 m 孔段进行射孔作业。$221_{上}08$ 工作面开采过钻孔 732 m 时采用袋装水泥及水泥浆对 310～0 m 孔段进行了全孔封闭,封孔共用强度等级为 42.5 的硅酸盐水泥 20 330 kg,至此该项工程竣工。复测孔口坐标为:X=4 318 070.5 m,Y=19 382 636.8 m,Z=1 349.828 m。

导流孔-2 于 2021 年 1 月 23 日开始钻进,2021 年 10 月 22 日完成钻探任务共计完成钻探进尺 567.16 m,经施工单位向相关单位汇报后一致认为该孔达到导水目的,同意终孔。根据设计要求,在工作面推进到过钻孔 40～100 m 期间,对整个裸孔段进行第一次钻孔电视成像观测,工作面推过钻孔 150 m、200 m、250 m 分别进行孔内电视成像,但因工作面推进缓慢,仅于 10 月 23 日进行第一次钻孔电视成像,按矿方要求于 12 月 6 日工作面过钻孔 113.2 m 进行电视成像,后为检测封孔效果进行五次电视成像。后观测到套管严重变形及错位,决定封闭导流孔-2。12 月 22 日起采用袋装水泥及水泥浆对导流孔-2 进行了全孔封闭,封孔共用强度等级为 42.5 的硅酸盐水泥 48 000 kg,至此该项工程竣工。复测孔口坐标如下:X=4 320 143.39 m,Y=19 382 637.95 m,Z=1 355.91 m。

导流孔-3 于 2020 年 3 月 24 日开始钻进,2020 年 6 月 10 日完成钻探任务,共计完成钻探进尺 555.48 m,经施工单位向相关单位汇报后一致认为该孔达到导水目的,同意终孔,终孔位置为 2-2 煤顶板以上 93.76 m 处。终孔后,施工单位按照方案要求根据工作面推进情况分别进行了孔内电视成像观测。因井壁淋水较大,孔内电视成像观测井壁裂隙、裂缝及离层发育情况显示不清,2020 年 6 月 29 日,决定对钻孔进行分段封闭,待孔内出水时采用孔内电视成像对钻孔裂隙、离层发育情况进行观测。施工单位于 2020 年 7 月 26 日 $221_{上}08$ 工作面开采过钻孔 325 m 时完成了钻孔全孔封闭工作,封孔共用强度等级为 42.5 的硅酸盐水泥 27 290 kg,至此该项工程竣工。复测孔口坐标为:X=4 318 515.74 m,Y=19 382 636.67 m,Z=1 349.04 m。

5.3.2　导流效果评估

（1）导流孔-1、导流孔-3

由于导流孔-1 只有第一次透孔至深度 523 m 后测得深度 490 m 处无水位，即导流孔与导水裂缝带呈贯通状态，之后的多次透孔大部分失败，导流孔部分淤塞，所以导水效果受到一定影响。导流孔-3 透孔较顺利，在透孔受阻后，采用单根加尺的方式仍可透孔至孔底。透孔后孔内无水位，在孔口放入六氟化硫气体（2020 年 6 月 17 日 10 时 40 分）约 30 min 后即可在井下测到气体，说明透孔成功后，导流孔与导水裂缝带可以完全贯通，发挥导流作用。

由图 5-6 可知，$221_{上}08$ 工作面在前 1 000 m 回采过程中涌水量整体呈阶梯状缓慢增加，没有出现类似 $221_{上}06A$ 工作面的离层突水情况。这说明导流孔-1 和导流孔-3 发挥了一定的作用。

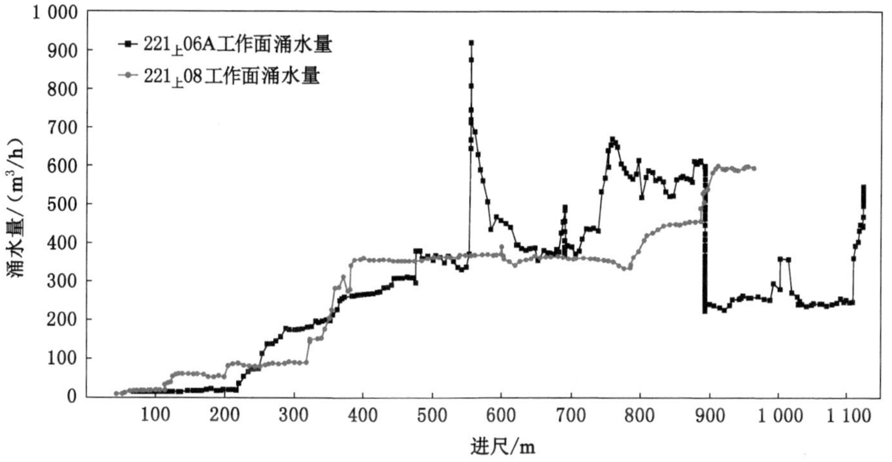

图 5-6　石拉乌素矿 $221_{上}08$ 工作面导流孔-1、导流孔-3 实施效果

（与 $221_{上}06A$ 工作面开采期间涌水量对比）

（2）导流孔-2

① 基于导流孔-导水裂缝带贯通性示踪试验评估导流效果

导流孔-2 透孔较顺利，第一次透孔后于孔深 497 m 见水。在孔口释放六氟化硫示踪气体（2021 年 12 月 14 日），30 min 后，在井下工作面回风隅角监测到气体，说明导流孔与导水裂缝带贯通，可以发挥导流作用。

2021 年 12 月 20 日，工作面发生矿震，为离层闭合所致，由于工作面进尺已过导流孔 133 m，导流孔已导流出大量离层水，离层内残余离层积水有限，发生矿震时离层发生闭合，涌水量虽有上升，但增长不大，总体涌水量仍处于工作面排水系统可承受范围内（图 5-7）。

② 基于白垩系含水层水压分层监测结果评估导流效果

一方面为了观测导流孔-2 发挥作用前、离层水形成过程中白垩系含水层水位变化，另一方面为了实时掌握导流孔-2 导水期间白垩系水压下降情况，施工 4# 离层孔。将 4# 离层孔布设在 $221_{上}08$ 工作面内距 $221_{上}06A$ 工作面开切眼 250 m 的位置（图 5-8）。

a. 钻孔结构及孔内监测设备布设

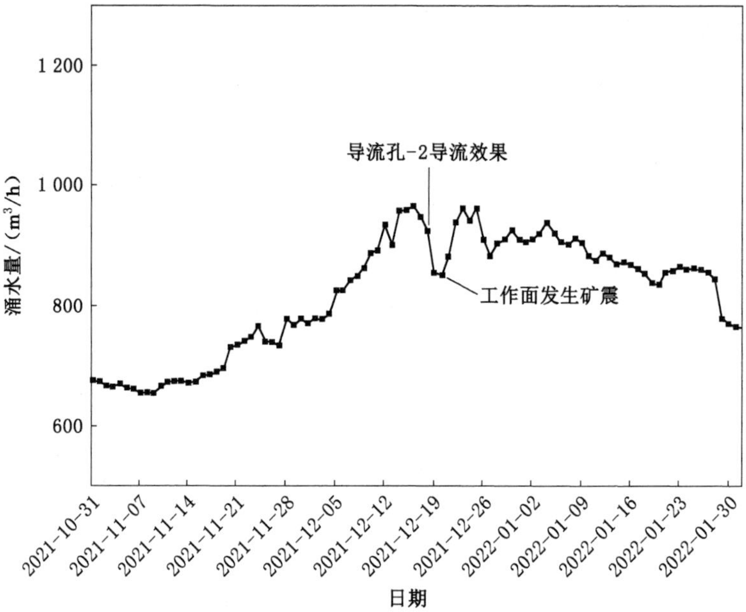

图 5-7　石拉乌素矿 $221_{上}08$ 工作面导流孔-2 实施效果

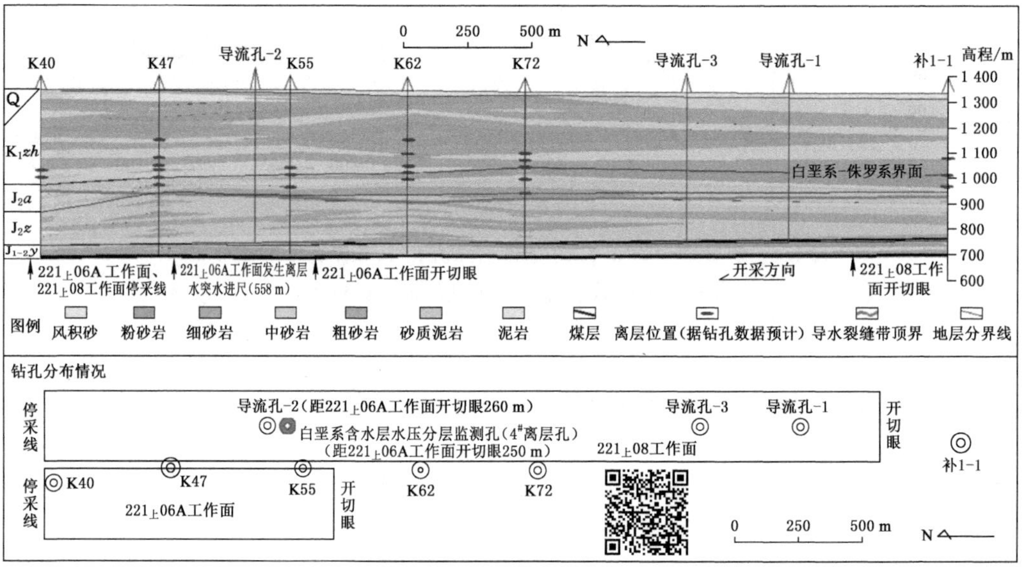

图 5-8　白垩系含水层水压分层监测孔(4# 离层孔)布置图

2021 年 1 月初,钻孔已施工完毕,钻孔结构设计如图 5-9 所示,设计了 4 个监测层段。分层水压监测设计在同一地质钻孔内不同含水层位置设置多层渗压计,不同含水层之间采用隔层阻断水力联系,实现同时对白垩系内部多个深度位置的水压监测。选择白垩系内部较厚的中、粗砂岩层作为含水层监测层,在监测层位置布置温度传感器与水压传感器并在周围回填不同粒径石英砂,保证传感器与监测含水层的水力联系,在钻孔其他孔段回填黏土球阻隔上下监测层间的水力扰动。为防止监测光纤破断影响数据监测,每个监测层埋设 2 个渗压计。后期在地表将光纤接入专用解调仪即可获得光纤上串联的不同渗压计测得的水压变化。4# 离层孔内光纤-渗压计布设位置图如图 5-10 所示。

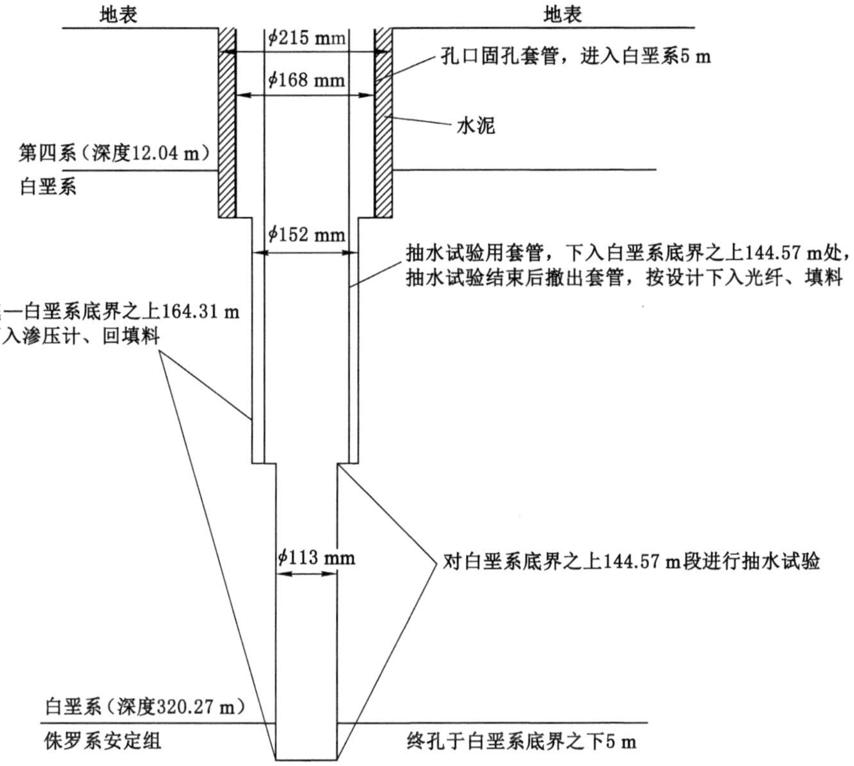

图 5-9　钻孔结构设计

b. 监测结果以及分析

2021 年 8 月 20 日—2021 年 9 月 3 日监测水位呈先降后升趋势，表明离层扩容吸水导致离层周围含水层水位下降以及离层充满水后周围含水层水压又回升现象的存在，间接证明了离层的存在；分层水压监测结果显示，各层的水压总体上均呈现下降趋势，说明导流孔-2 发挥了导流作用，降低了 $221_上08$ 工作面离层水害的风险。如图 5-11 和图 5-12 所示。

5.3.3　覆岩裂隙发育观测

根据兖矿东华建设有限公司地矿建设分公司提交的《石拉乌素煤矿 $221_上08$ 工作面直通式导流孔-1 施工总结》《石拉乌素煤矿 $221_上08$ 工作面直通式导流孔-2 施工总结》《石拉乌素煤矿 $221_上08$ 工作面离层水导流孔-3 施工总结》三份报告，整理出观测到的钻孔裂缝分布情况如下。

（1）导流孔-1 钻孔裂隙观测情况

① 第一次观测成果（过钻孔 94 m 时）

2020 年 4 月 8 日夜班采用 ϕ50 mm 花钻杆（带钢丝）对钻孔进行清水洗孔冲刷，重点对 ϕ244.5 mm 套管以下至 440.80 m 采用泥浆钻进孔段进行冲洗，提钻后对钻孔进行孔内电视成像观测（结果见表 5-2）。

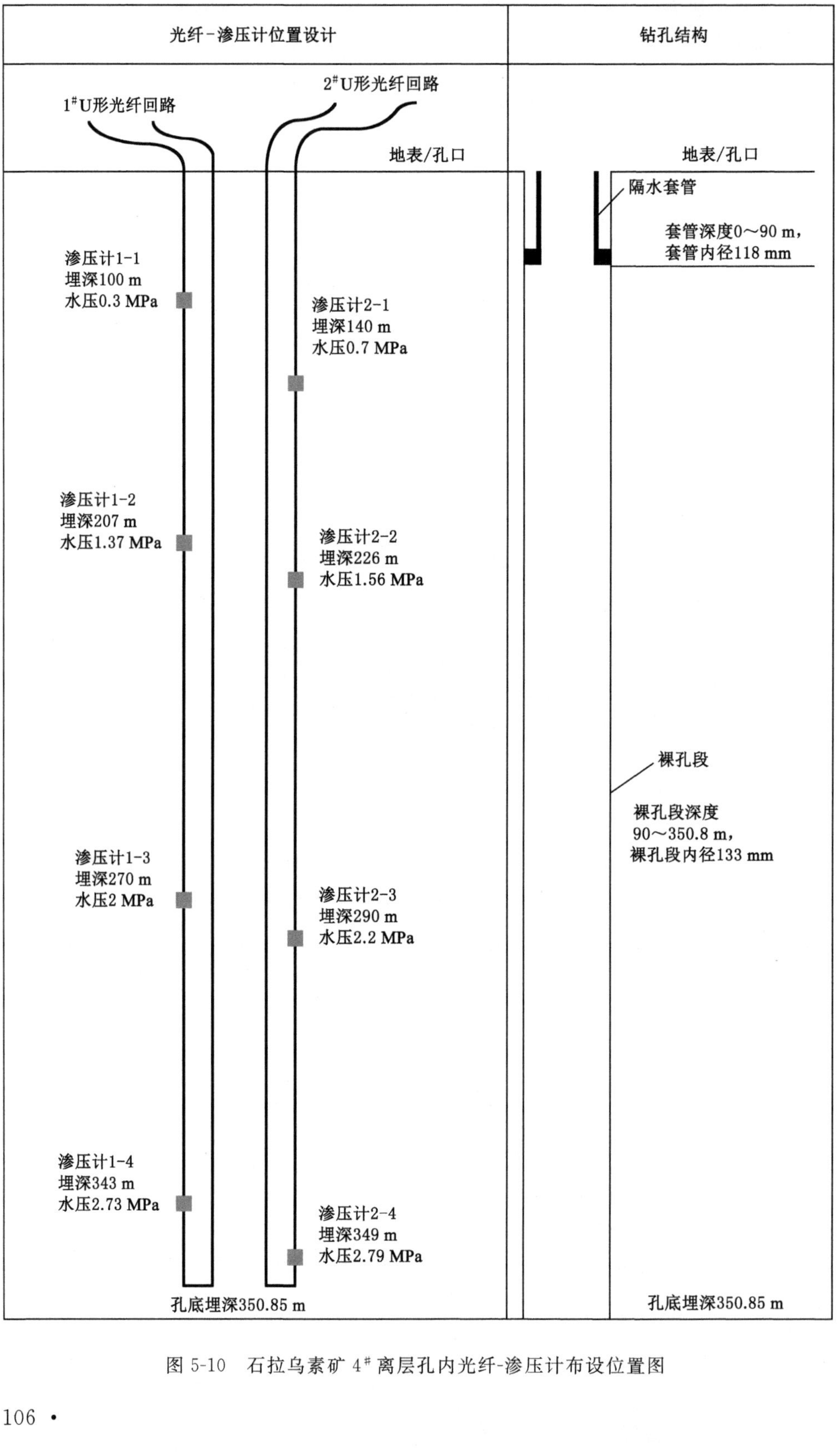

图 5-10　石拉乌素矿 4# 离层孔内光纤-渗压计布设位置图

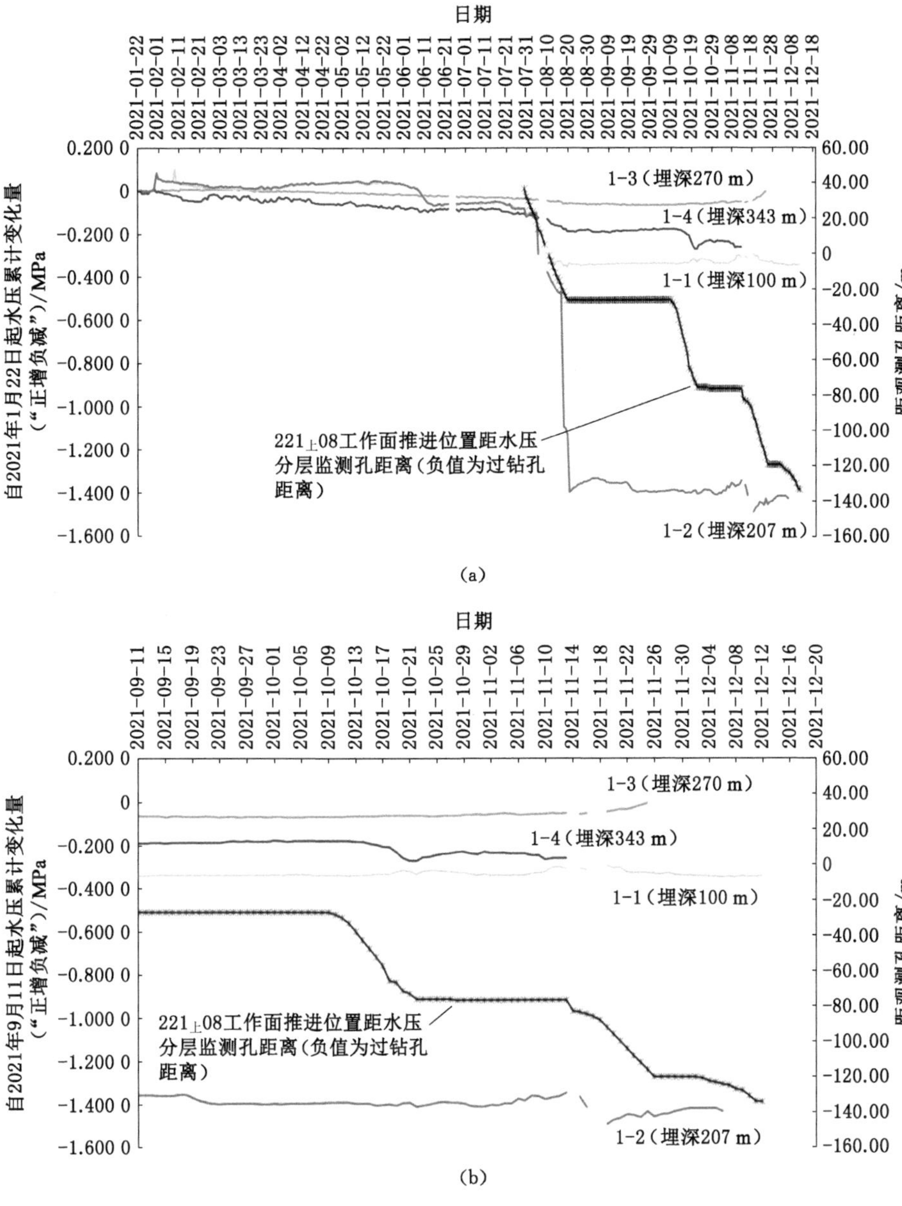

图 5-11　基于石拉乌素矿 4# 离层孔内 1# 光纤回路的分层水压监测结果（全时段数据及局部数据）

② 第二次观测成果（过钻孔 135 m 时）

2020 年 4 月 16 日早晨下钻透孔至孔深 371.89 m 时下钻困难，反复冲扫至 375.89 m 后无法钻进，提出钻具后孔口没有吸风现象，测得孔内水位为 347 m。因施工现场无水无法继续透孔，于 4 月 18 日储备水源后下钻透孔，下钻前孔口有轻微吸风现象，测得孔内水位为 350 m，下钻至 371.89 m 后采用单根加尺方式沿原孔进行扫孔，截至 19 日 6 时扫孔至孔深 523 m 后钻进困难，提钻后孔口有吸风现象，吸风强度明显比终孔后孔内吸风强度增大。钻孔裂隙观测成果见表 5-3、图 5-13。

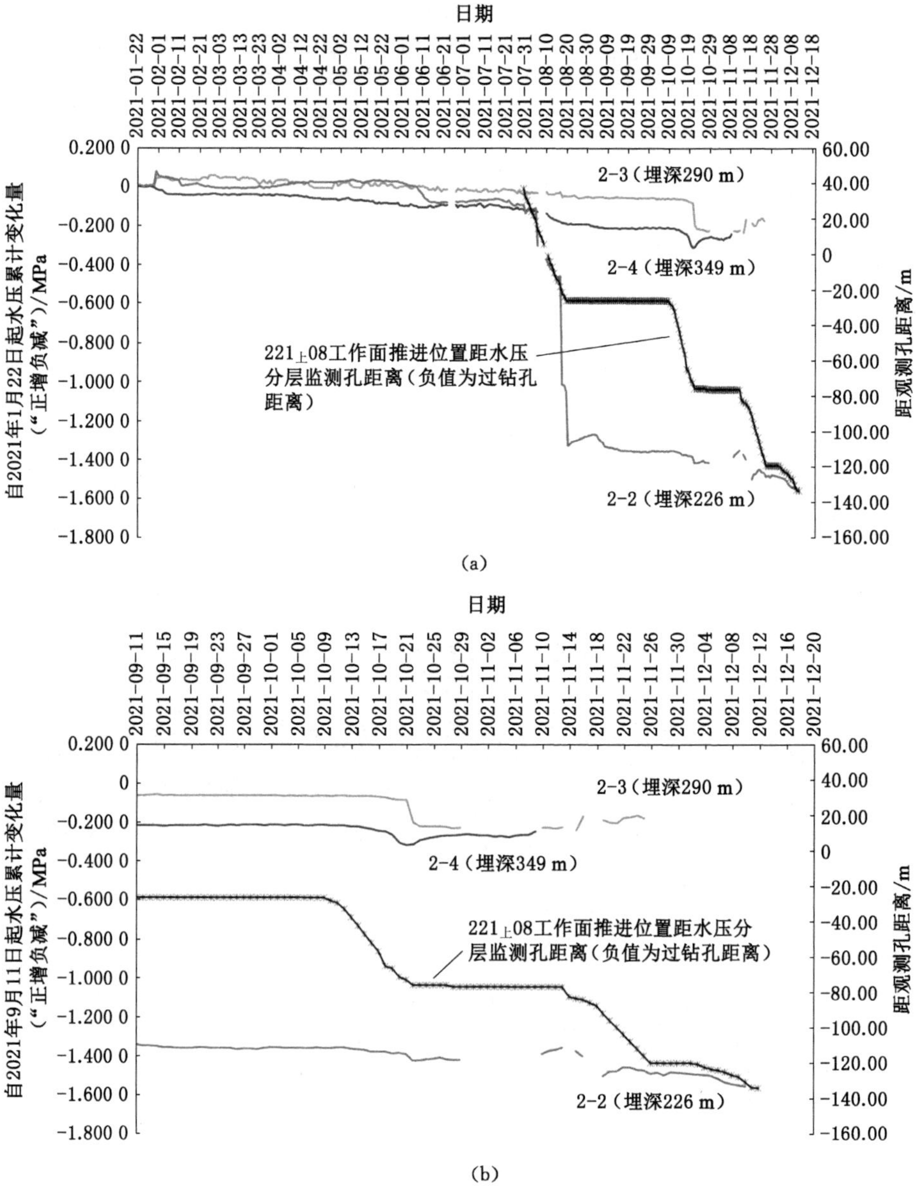

图 5-12　基于石拉乌素矿 4# 离层孔内 2# 光纤回路的分层水压监测结果
（全时段数据及局部数据）

表 5-2　工作面推过钻孔 94 m 时电视成像观测成果

序号	深度/m	厚度/m	描　　述
1	338.07～338.08	0.01	环状裂缝
2	343.83～343.85	0.02	环状裂缝
3	356.60～356.90	0.30	破碎
4	357.80～357.90	0.10	破碎

表 5-2(续)

序号	深度/m	厚度/m	描　　述
5	359.17～359.29	0.12	破碎
6	361.90～362.00	0.10	破碎
7	368.90～369.20	0.30	破碎
8	368.25～368.60	0.35	破碎
9	371.10～379.50	8.40	纵向裂隙带
10	383.30～383.50	0.20	破碎
11	395.50～423.50	28.00	纵向裂隙带
12	431.50～435.50	4.00	纵向裂隙带
13	438.90～439.50	0.60	破碎
14	446.30～446.60	0.30	破碎
15	457.70～458.00	0.30	破碎
16	466.80～467.20	0.40	破碎
17	478.30～478.80	0.50	裂缝
18	515.20		横向裂缝
19	516.50～517.50	1.00	大裂缝
20	518.95		横向裂缝
21	519.50～519.70	0.20	斜向裂隙

表 5-3　工作面推过钻孔 135 m 时电视成像观测成果

序号	深度/m	厚度/m	描　　述
1	338.60～338.90	0.30	纵向裂缝
2	339.30～340.00	0.70	纵向半螺旋裂缝
3	340.27～341.50	1.23	纵向裂隙，340.27 m/340.76 m 处环状裂隙
4	342.30～342.80	0.50	斜裂缝
5	343.10～343.30	0.20	斜裂缝
6	344.50～344.60	0.10	横向半圆形裂缝，宽 0.05 m
7	346.50～346.62	0.12	横向半圆形裂缝，宽 0.04 m
8	346.98～347.20	0.22	地层有明显错位痕迹，横向裂缝
9	347.30～347.80	0.50	纵向裂缝
10	348.80～348.90	0.10	横向半圆形裂缝，宽 0.04 m
11	349.45～350.77	1.32	纵向裂缝，有明显涌水，局部环状裂缝
12	353.04～353.06	0.02	横向半圆形裂缝
13	355.00～355.60	0.60	斜裂缝
14	356.29～356.50	0.21	孔壁破碎
15	357.07～357.22	0.15	地层破碎，小离层
16	357.70～361.90	4.20	纵向裂缝
17	361.90～363.80	1.90	纵向裂缝，涌水明显增加
18	369.33～523.00	153.67	塌孔严重，淋水增大

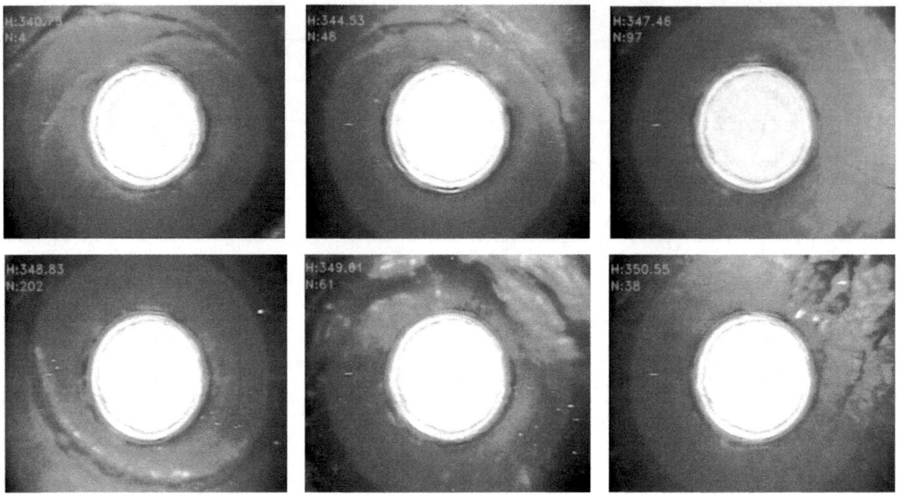

图 5-13　导流孔-1 第二次钻孔成像部分观测结果

③ 第三次观测成果(过钻孔 203 m 时)

2020 年 4 月 28 日工作面推进至过钻孔 200 m 时对钻孔进行透孔,当钻具下至 358.18 m 时下钻受阻,采用单根加尺的方式扫孔至 523 m,提钻准备加尺过程中,钻具上提卡钻加不上尺,提钻后对钻孔进行孔内电视成像。电视成像仪下至 355.50 m 时孔壁涌水量明显增大,继续下至 419.80 m 后成像仪全部进入水中,当下至孔深 446.60 m 时遇阻下不去,提出成像仪后继续对钻孔进行透孔,至 523 m 时加不上尺。提上钻具后继续对 446 m 以下孔段进行孔内电视成像(结果见表 5-4)。

表 5-4　工作面推过钻孔 203 m 时电视成像观测成果

序号	深度/m	厚度/m	描　述
1	338.14～342.76	4.62	多条纵向裂缝,部分孔壁破碎。其中,338.14～338.22 m 段为半圆状裂缝;338.7～338.83 m 段为半圆状裂缝;339～339.88 m 段孔壁破碎严重,有明显错位现象;341.8～342 m 段横向裂缝宽度为 0.20 m
2	343.90～344.04	0.14	横向裂缝,孔壁破碎
3	344.60～344.70	0.10	斜向半圆状裂缝
4	345.95～346.12	0.17	横向裂缝,井壁错位
5	346.40～346.77	0.37	横向裂缝,孔壁破碎
6	348.30～348.38	0.08	横向裂隙,纵向裂缝,井壁破碎,其中 349.05～349.5 m 段孔壁破碎严重
7	349.05～350.80	1.75	349.50～350.50 m 段有 3 条纵向裂缝,两条较宽
8	352.58～352.70	0.12	横向裂隙
9	354.62		半圆状裂隙
10	354.78～355.50	0.72	螺旋状交错裂缝,355.20 m 处有水涌出,355.50 m 处涌水量明显增大
11	356.30～356.40	0.10	横向裂缝
12	356.50～356.60	0.10	螺旋状裂缝

表 5-4(续)

序号	深度/m	厚度/m	描　述
13	356.85～357.00	0.15	横向裂缝
14	368.10～368.43	0.33	横向裂缝
15	368.80～368.97	0.17	横向裂缝
16	369.10～380.00	10.90	井壁坍塌,破碎严重
17	382.50～382.62	0.12	横向裂缝
18	383.50～384.50	1.00	孔壁坍塌破碎严重
19	393.00～395.50	2.50	孔壁坍塌破碎严重
20	396.70～402.40	5.70	孔壁坍塌破碎严重
21	420.58～420.80	0.22	横向裂缝,孔壁破碎
22	421.94～422.09	0.15	横向裂缝
23	426.60～426.67	0.07	横向裂缝
24	428.70～428.96	0.26	离层
25	434.70～435.18	0.48	横向裂缝
26	436.45～436.96	0.51	孔壁破碎
27	437.50～437.75	0.25	斜向裂缝
28	439.10～439.20	0.10	横向裂隙,孔壁破碎
29	440.30～440.60	0.30	斜向裂隙
30	441.03～441.68	0.65	纵向裂隙,其中 441.53～441.68 m 段为环状裂缝
31	443.17～446.88	3.71	纵向裂缝较宽,其中 446.07～446.88 m 段孔壁破碎
32	448.84～450.67	1.83	纵向裂隙,其中 449.78～450.33 m 段孔壁破碎
33	451.18～452.97	1.79	纵向裂缝,其中 451.18～452.20 m 段孔壁破碎
34	456.07～456.63	0.56	纵向裂缝,其中 456.53～456.63 m 段为环状裂缝
35	457.70～457.90	0.20	横向裂缝,孔壁破碎
36	461.00～461.50	0.50	数条横向裂隙,孔壁破碎
37	462.57～462.63	0.06	半圆状裂缝
38	465.70～466.20	0.50	纵向裂缝较宽
39	466.20～466.32	0.12	横向裂缝
40	468.58～469.50	0.92	纵向裂隙
41	470.95～471.50	0.55	纵向裂缝较宽
42	472.10～472.90	0.80	纵向裂隙,其中 472.55～472.90 m 段孔壁破碎
43	474.20～475.26	1.06	纵向裂隙,其中 474.20～474.40 m 段为环状裂缝
44	475.63～476.30	0.67	纵向裂缝
45	480.40～480.70	0.30	孔壁破碎
46	481.50～481.90	0.40	纵向裂缝
47	482.10～482.80	0.70	交错裂隙
48	483.20～483.80	0.60	纵向裂隙

表 5-4(续)

序号	深度/m	厚度/m	描　　述
49	484.38～484.52	0.14	横向裂缝
50	486.28～486.44	0.16	横向裂缝
51	487.60～487.68	0.08	横向裂缝
52	489.52～489.62	0.10	横向裂缝
53	490.17～491.25	1.08	纵横向裂隙
54	492.76～493.80	1.04	纵向裂隙,其中 493.70～493.80 m 段为横向裂缝
55	496.80～497.68	0.88	纵横向裂缝,孔壁破碎
56	498.00～503.40	5.40	纵向裂隙

④ 第四次观测成果(过钻孔 280 m 时)

2020 年 5 月 11 日对钻孔进行透孔,透孔至 401 m 时下钻遇阻,采用单根加尺的方式进行冲扫至孔深 510 m,加尺时上提有劲,卡抱钻严重,多次冲扫孔加不上尺,无法继续透孔。提上钻后对孔内进行电视成像,成像仪下至 354.70 m 时孔壁有水涌出,继续下至孔深 398 m 处成像仪全部进入水中,继续成像至孔深 405.60 m 处有掉块,成像仪下不去,然后提出成像仪继续透孔,透孔至 510 m 处,然后下成像仪至 400～405 m 时遇掉块仍然下不去。本次观测共计透孔三次,下成像仪三次,透孔至 510 m 处,下成像仪至孔深 405 m 处,在下成像仪的过程中出现掉块卡成像仪的情况。观测成果见表 5-5。

表 5-5　工作面推过钻孔 280 m 时电视成像观测成果

序号	深度/m	厚度/m	描　　述
1	338.00～340.53	2.53	孔壁破碎,纵向、环状裂隙;339.00 m 处孔壁有少量涌水流出;339.30 m、339.60 m 处孔壁明显错位;340.10～340.17 m、340.40～340.53 m 处为环状裂缝
2	341.30～341.60	0.30	纵向裂隙
3	341.60～342.18	0.58	孔壁破碎
4	342.40～342.62	0.22	半环状裂隙
5	343.24～343.60	0.36	纵向裂隙
6	343.90		横向裂缝,厚度 2 cm
7	346.00～347.00	1.00	孔壁破碎,346 m 处为横向裂缝
8	348.20～348.33	0.13	横向裂缝
9	348.90～349.40	0.50	多条横向裂缝,孔壁破碎,孔壁错位
10	349.50～350.15	0.65	纵向破碎裂隙
11	351.90～351.94	0.04	横向裂隙
12	352.58		横向裂缝
13	352.98		横向裂缝
14	354.47		横向裂缝,孔壁有少量涌水
15	398.30～405.60	7.30	孔壁严重破碎,403.70～403.90 m 段为厚度 0.20 m 离层

⑤ 第五次观测成果(过钻孔 364 m 时)

2020 年 5 月 21 日封孔至 395 m,对钻孔进行电视成像,测得孔内水位为 350.70 m。钻孔裂隙观测成果见表 5-6。

表 5-6 工作面推过钻孔 364 m 时电视成像观测成果

序号	深度/m	厚度/m	描述
1	337.50~337.88	0.38	孔壁破碎
2	338~340.10	2.10	孔壁破碎,纵横向裂隙
3	341.40~341.50	0.10	横向裂隙
4	343.40~343.50	0.10	横向裂隙
5	344.08~344.19	0.11	横向裂隙
6	345.50~345.60	0.10	横向裂隙
7	346.00~346.50	0.50	孔壁破碎、错位
8	347.80~347.92	0.12	横向裂缝
9	348.54~349.00	0.46	孔壁破碎、错位
10	349.00~350.10	1.10	纵向裂缝
11	351.60~351.67	0.07	横向裂隙
12	351.67~352.10	0.43	纵向裂隙
13	352.10~352.20	0.10	横向裂隙
14	354.10~354.50	0.40	3 条横向裂隙
15	354.50~355.10	0.60	纵横向裂隙
16	356.40~356.80	0.40	横向裂缝
17	357.20~357.40	0.20	横向裂缝、破碎
18	357.40~358.70	1.30	纵向裂缝
19	359.00~359.40	0.40	孔壁破碎、错位
20	360.50~360.64	0.14	纵向裂缝
21	361.74~363.00	1.26	孔壁破碎严重
22	366.20~366.27	0.07	横向裂缝
23	366.65~367.42	0.77	纵向裂缝
24	368.22~368.60	0.38	离层
25	368.60~369.50	0.90	孔壁破碎严重
26	369.80~380.20	10.40	孔壁破碎严重
27	382.40~384.90	2.50	孔壁破碎严重

导流孔-1 揭露的第四系、白垩系、安定组底界埋深分别为 9.5 m、333.1 m、397.85 m,终孔于侏罗系,终孔孔深 540.9 m。由于导流孔-1 内的白垩系套管下放位置为进入侏罗系安定组 3.99 m,所以无法观测到侏罗系-白垩系交界面离层及白垩系底部离层发育情况。由图 5-13 可知,安定组内裂隙以横向裂隙、斜向裂隙、环状裂隙为主,裂隙开度小,贯通程度差,即使存在纵向裂隙,也多是由斜向裂隙延伸而来,且开度较小。另外,由于安定组内存在

风化带、泥岩含量高,孔壁易被水流冲蚀呈不规则凹坑。由表 5-2 至表 5-6 可知,安定组与直罗组内均存在离层(即横向裂缝),但开度较小,最大开度为 0.38 m,而较大规模的纵向拉张裂隙位于侏罗系直罗组内。

(2) 导流孔-2 钻孔裂隙观测情况

① 第一次孔内电视成像

2021 年 10 月 23 日采用 ϕ180 mm 钻头钻进至 567.16 m,暂停施工,提钻后立即对钻孔进行孔内电视成像。于孔深 497 m 处见水,可看见孔壁。由于上部掉块在下部孔内堆积,只能窥视至 530 m,成像段孔深为 497～530 m。其余孔段因没有水,未看见孔壁。此时工作面过导流孔 65.95 m。成像段孔壁裂隙分布不均匀,但都存在破坏现象。

② 第二次孔内电视成像

12 月 6 日工作面推进至过钻孔 113.20 m 时对钻孔进行透孔结束,提钻后对钻孔进行孔内电视成像。由于孔壁破损,只能窥视至 520 m。孔内电视成像获知水位为 333.71 m。电视成像后进行观测,孔内仍有轻微吸风现象。成像段孔深为 320～520 m。

导流孔-2 揭露的第四系、白垩系、安定组底界埋深分别为 17.10 m、341.75 m、395.00 m,终孔于侏罗系,终孔孔深为 567.16 m。根据钻孔电视成像结果可知:侏罗系安定组内裂隙以斜向裂隙、环状裂隙为主,裂隙开度小,直罗组内出现贯通的纵向裂隙(图 5-14)。

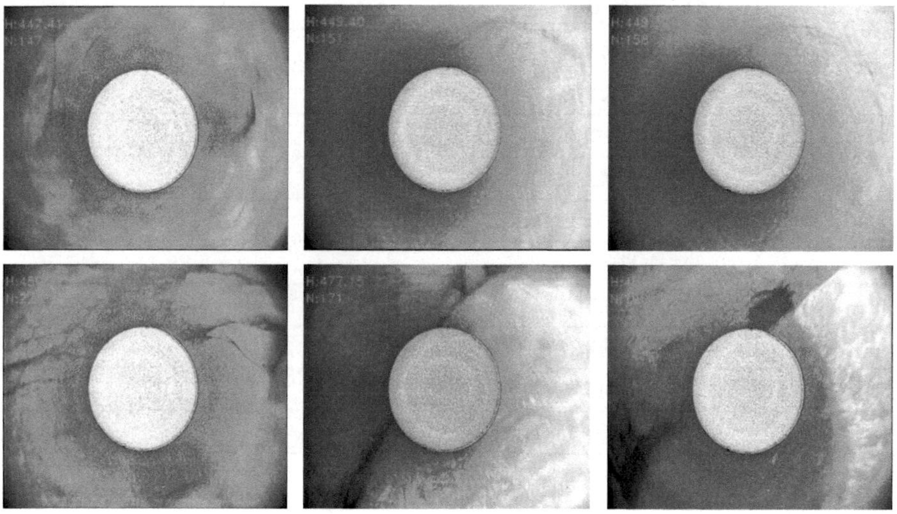

图 5-14　导流孔-2 第二次钻孔成像部分观测结果

(3) 导流孔-3 钻孔裂隙观测情况

① 第一次至第三次观测成果

施工单位曾于 2020 年 6 月 12 日工作面推过钻孔 57 m 时、6 月 14 日工作面推过钻孔 68 m 时、6 月 16 日工作面推过钻孔 79 m 时进行了钻孔成像观测,但均由于成像仪被卡而未能成功观测。

② 第四次观测成果(过钻孔 124 m 时)

2020 年 6 月 20 日工作面推过钻孔 124 m 时采用 ϕ152 mm 钻头对钻孔进行透孔,透孔下钻至 409.48 m 时遇阻,采用单根加尺的方式冲扫至原孔底 555.48 m 处,提钻后进行电视成像。成像仪下至 354.70 m 孔壁有水涌出，继续下至孔深 398 m 处成像仪全部进入水中，继续成像至孔深 434.60 m 处。观测成果见表 5-7。

表 5-7 工作面推过钻孔 124 m 时电视成像观测成果

序号	深度/m	厚度/m	描 述
1	324.75～325.00	0.25	横向裂缝
2	328.75～329.10	0.35	连续横向裂缝，缝宽 8 cm
3	345.10～345.20	0.10	斜向裂缝
4	345.86～346.50	0.64	斜向裂缝，缝宽 2 cm
5	348.80～350.20	0.40	纵横向交错裂缝，破碎，井壁涌水量明显增大
6	350.50～351.00	0.50	多个横向裂缝，缝宽 3 cm
7	361.30～361.50	0.20	横向裂缝
8	365.00～365.20	0.20	井壁破碎
9	369.10～369.45	0.35	横向裂缝
10	371.00～371.40	0.40	井壁破碎
11	373.50～373.90	0.40	横向裂缝，缝宽 5 cm
12	398.00～398.50	0.50	横向裂缝
13	399.05～399.10	0.05	横向裂缝
14	399.53～399.58	0.05	横向裂缝
15	400.70～400.80	0.10	横向裂缝
16	401.00～401.32	0.32	横向裂缝
17	407.46～407.50	0.04	横向裂缝
18	412.20～412.23	0.03	横向裂缝
19	416.34～416.37	0.03	横向裂缝
20	434.45～434.60	0.15	横向裂缝

③ 第五次观测成果(过钻孔 144 m 时)

2020 年 6 月 25 日工作面推进至过钻孔 144 m 时采用 ϕ152 mm 钻头下钻至 333.04 m 受阻，钻进困难，采用单根加尺的方式透孔至原孔底后观测孔内无水，孔口有吸风现象，于 6 月 26 日早进行了孔内电视成像观测。观测成果见表 5-8。

表 5-8 工作面推过钻孔 144 m 时电视成像观测成果

序号	深度/m	厚度/m	描 述
1	323.90～324.30	0.40	井壁破碎
2	324.90～325.15	0.25	斜向裂缝，缝宽 5 cm
3	327.15～328.00	0.85	连续横向裂缝
4	328.91～329.13	0.22	斜向裂缝，缝宽 12 cm
5	330.35～330.45	0.10	纵横向裂缝，缝宽 10 cm
6	331.25～331.30	0.05	横向裂缝

表 5-8(续)

序号	深度/m	厚度/m	描　　述
7	338.60～339.00	0.40	纵横向交错裂缝
8	340.95～341.02	0.07	横向裂缝
9	341.40～341.45	0.05	横向裂缝
10	345.85～345.97	0.12	纵向裂缝
11	349.50～349.56	0.06	横向裂隙
12	350.29～351.00	0.71	井壁破碎
13	352.10～353.51	1.41	连续横向裂隙,破碎
14	353.70～354.00	0.30	井壁破碎
15	354.30～355.00	0.70	横向裂缝,井壁破碎
16	372.90～373.00	0.10	横向裂缝
17	375.60～375.70	0.10	横向裂缝

④ 第六次观测成果(过钻孔 203 m 时)

2020 年 7 月 6 日工作面推进至过钻孔 203 m 时采用 ϕ152 mm 钻头下钻至 447.31 m 受阻,钻进困难,采用单根加尺的方式透孔至原孔底后观测孔内无水,孔口有吸风现象,于 7 月 7 日中午进行了孔内电视成像观测。观测成果见表 5-9。

表 5-9　工作面推过钻孔 203 m 时电视成像观测成果

序号	深度/m	厚度/m	描　　述
1	322.82～322.84	0.02	横向裂缝,井壁错位
2	323.63～323.67	0.04	半环状裂隙
3	324.58～324.62	0.04	环状裂缝,井壁错位
4	325.00		半环状裂隙
5	325.79～325.89	0.10	半环状斜裂隙
6	327.95～327.96	0.01	横向裂隙
7	328.23～328.26	0.03	横向裂缝,井壁错位
8	328.61～328.66	0.05	横向裂缝
9	328.86～328.89	0.03	横向裂缝
10	329.68～329.88	0.20	横向裂缝,井壁坍塌
11	329.96～331.05	1.09	纵向交错裂隙
12	331.03～332.13	1.10	井壁破碎,横向裂缝较多,纵向裂缝较少
13	332.90～332.96	0.06	半环状斜裂隙
14	333.10～333.60	0.50	井壁破碎,横向斜裂缝
15	334.35～335.70	1.35	井壁破碎,斜裂缝
16	337.70～337.90	0.20	两条横向斜裂缝
17	338.50～339.38	0.88	井壁破碎,横向斜裂缝

表 5-9(续)

序号	深度/m	厚度/m	描　　述
18	340.49～341.12	0.63	井壁破碎,横向斜裂缝
19	341.95～343.20	1.25	井壁破碎
20	343.90～344.20	0.30	斜裂缝
21	346.48～347.88	1.40	纵向斜裂缝
22	350.20		井壁涌水

⑤ 第七次观测成果(过钻孔 260 m 时)

2020 年 7 月 15 日封孔至 409.70 m,工作面推过钻孔 260 m 时进行了孔内电视成像,观测到孔口有吸风现象。观测成果见表 5-10、图 5-15。

表 5-10　工作面推过钻孔 260 m 时电视成像观测成果

序号	深度/m	厚度/m	描　　述
1	323.61～323.69	0.08	半环状裂隙
2	324.63～324.73	0.10	横向裂隙,井壁涌水
3	327.92～327.93	0.01	横向裂隙,井壁涌水
4	328.20～328.25	0.05	横向裂隙,井壁涌水
5	328.57～328.64	0.07	半环状斜裂隙
6	329.76～330.06	0.30	环状斜裂隙,井壁破碎
7	331.13～332.70	1.57	多条环状裂缝,井壁破碎
8	335.28～335.31	0.03	环状裂隙
9	335.58～335.60	0.02	半环状裂隙
10	335.70～336.17	0.47	纵斜向裂隙
11	337.78～337.88	0.10	纵斜向裂隙
12	338.40～339.32	0.92	纵横向交错裂隙,破碎
13	340.55～341.28	0.73	纵横向交错裂隙,破碎
14	342.00～343.00	1.00	纵横向交错裂隙,破碎
15	344.10～344.28	0.18	纵斜向半环状裂隙
16	346.38～347.00	0.62	纵横向斜裂缝,孔壁涌水
17	346.46		横向裂隙,井壁涌水量增大
18	346.88		横向裂隙,井壁涌水量增大
19	351.30～352.10	0.80	井壁破碎
20	353.80～353.90	0.10	横向裂缝
21	356.30～356.40	0.10	横向裂缝
22	357.28～357.32	0.04	横向裂缝
23	358.40～358.57	0.17	纵斜向裂缝
24	359.95		纵斜向裂隙

表 5-10(续)

序号	深度/m	厚度/m	描　　述
25	360.30～360.36	0.06	横向裂缝
26	360.50		横向裂缝
27	360.60～361.30	0.70	4 条横向裂缝
28	362.60～362.75	0.15	井壁破碎
29	362.90～363.40	0.05	横纵向交错裂缝
30	364.20～364.30	0.10	横向裂缝
31	364.95～365.56	0.61	3 条横向裂缝
32	366.50～366.65	0.15	横向裂缝
33	366.80～366.95	0.15	横向裂缝
34	367.66～367.88	0.22	两条横向裂隙
35	368.35～368.50	0.15	横向裂缝
36	368.79～368.82	0.03	横向裂缝
37	370.40～370.90	0.50	横纵向裂缝
38	372.30～372.60	0.30	横向裂缝,破碎
39	373.30～379.40	6.10	井壁严重破碎
40	380.60～382.30	1.70	纵向裂缝,井壁破碎

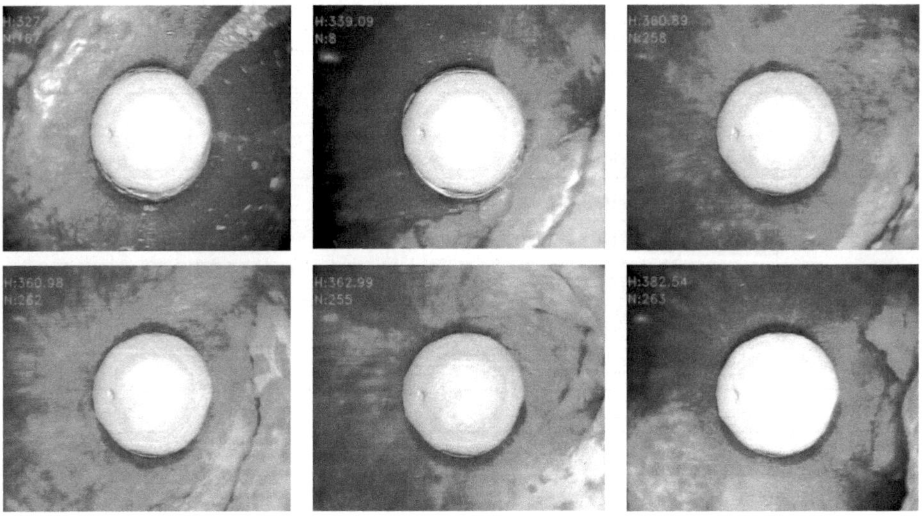

图 5-15　导流孔-3 第七次钻孔成像部分观测结果

⑥ 第八次观测成果(过钻孔 294 m 时)

2020 年 7 月 21 日封孔至 401.50 m,工作面推过钻孔 294 m 时进行了孔内电视成像,成像仪在 337.08 m 处进入水中,观测到孔口有微弱吸风现象。观测成果见表 5-11。

表 5-11　工作面推过钻孔 294 m 时电视成像观测成果

序号	深度/m	厚度/m	描　　述
1	329.73～329.86	0.13	横向裂缝
2	330.09～330.13	0.04	横向裂缝
3	331.25～332.10	0.85	多条横纵向裂缝
4	337.82～337.84	0.02	横向斜裂缝
5	338.60～339.50	0.90	横纵向交错裂缝
6	340.56～341.20	0.64	横纵向交错裂缝
7	342.07～343.30	1.23	横纵向交错裂缝
8	346.56～347.70	1.14	井壁破碎
9	350.00～357.66	7.66	井壁破碎
10	358.43～358.69	0.26	横纵向斜裂缝
11	359.90～360.00	0.10	横向裂缝
12	360.30～361.50	1.20	井壁破碎
13	362.00～363.50	1.50	井壁破碎
14	364.30～365.45	1.15	3 条横向裂缝
15	366.60～367.37	0.77	井壁破碎
16	367.79～367.88	0.09	横向裂隙
17	368.00～384.35	16.35	井壁破碎严重
18	400.39～400.43	0.04	横向裂缝
19	400.70～400.84	0.14	横向裂缝

导流孔-3 揭露的第四系、白垩系、安定组底界埋深分别为 26.15 m、327.3 m、413.8 m，终孔于侏罗系，终孔孔深为 555.48 m。根据导流孔-3 的柱状图(图 5-16)可知，导流孔-3 处揭露的白垩系底部厚层中砂岩与侏罗系安定组之间有若干较薄的砂岩，导致侏罗系、白垩系交界面在导流孔-3 处的离层开度较小，但推测白垩系底部巨厚中砂岩下部应有较大规模离层。

由表 5-7 至表 5-11 和图 5-15 可知，能够观测到的孔段(深度 434.6 m 以上)钻孔内斜裂缝、横向裂缝(即离层)较多，但无长度较大的裂缝，部分孔段孔壁剥蚀严重。虽无单个开度较大的离层，但各离层呈聚集状出现，出水量较大。

5.3.4　导水裂缝带高度确定

(1) 根据封孔阶段钻孔水位变化确定导水裂缝带高度

由于已施工的导流孔在钻进过程中的钻孔冲洗液消耗量及孔内水位变化情况没有被记录，所以采用分段封孔过程中孔内水位变化情况来分析导水裂缝带的高度。

导流孔-1 多次透孔失败，但第一次透孔至孔底提钻后测得深度 490 m 处无水，说明深度 490 m 处已处于导水裂缝带的范围内，即导水裂缝带顶界在导流孔-1 处的位置位于深度 490 m 之上。由于导流孔-1 处煤层顶板埋深及煤厚分别为 646.52 m、9.17 m，所以可计算得导水裂缝带在导流孔-1 处的高度＞156.52 m、裂采比＞17.07。

导流孔-2 在工作面过导流孔钻进至 384.25 m 处发生漏浆,此时工作面过导流孔 46.75 m(2021 年 10 月 17 日),进行堵漏,不再漏浆后,继续钻进至 387.10 m 处再次发生漏浆,多次堵漏未成功。漏浆位置处于安定组风化带,风化带裂隙发育,可能导致浆液漏失,因此不能据此判断导水裂缝带的发育高度,应结合钻孔裂隙观测情况进行综合判断。

导流孔-3 在封闭至 498 m 后下入电视成像仪测得孔内无水,但在封闭至 409.7 m 后孔内有水,所以导水裂缝带顶界在导流孔-3 处的埋深位于 409.7～498 m 之间。由于导流孔-3 处煤层顶板埋深及煤厚分别为 649.24 m、9.14 m,所以可计算得导水裂缝带在导流孔-3 处的高度为 151.24 m(限采高 7 m)～239.54 m,裂采比为 21.61～26.21。

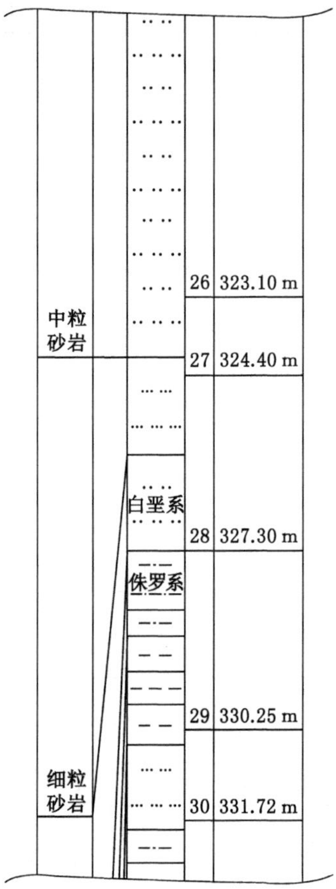

图 5-16　导流孔-3 柱状图

(2) 根据钻孔裂隙分布特征确定导水裂缝带高度

根据已有研究成果,导水裂缝带裂隙多为岩石遭受拉伸破断所形成的竖向贯通裂隙,而导水裂缝带范围之外的岩层多遭受剪切破坏,多形成开度较小的倾斜、交错状的剪切裂隙,所以竖向拉张裂隙带与剪切裂隙带的交界处即导水裂缝带顶界(图 5-17)。

统计表 5-2 至表 5-11 内裂隙的位置、规模、类型,可作出不同深度裂隙的类型、长度分布图(图 5-18)。由图 5-18 可知,导流孔-1 内剪切裂缝与拉张裂缝的分

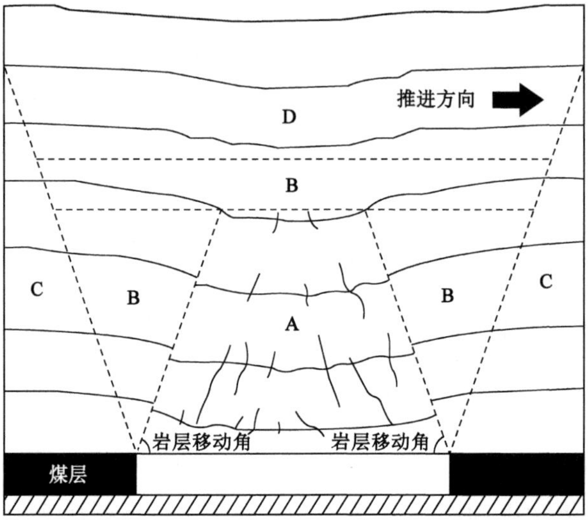

A—张拉破坏区;B—剪切破坏区;C—未影响区;D—整体移动区。

图 5-17　覆岩破坏区性质及分布特征

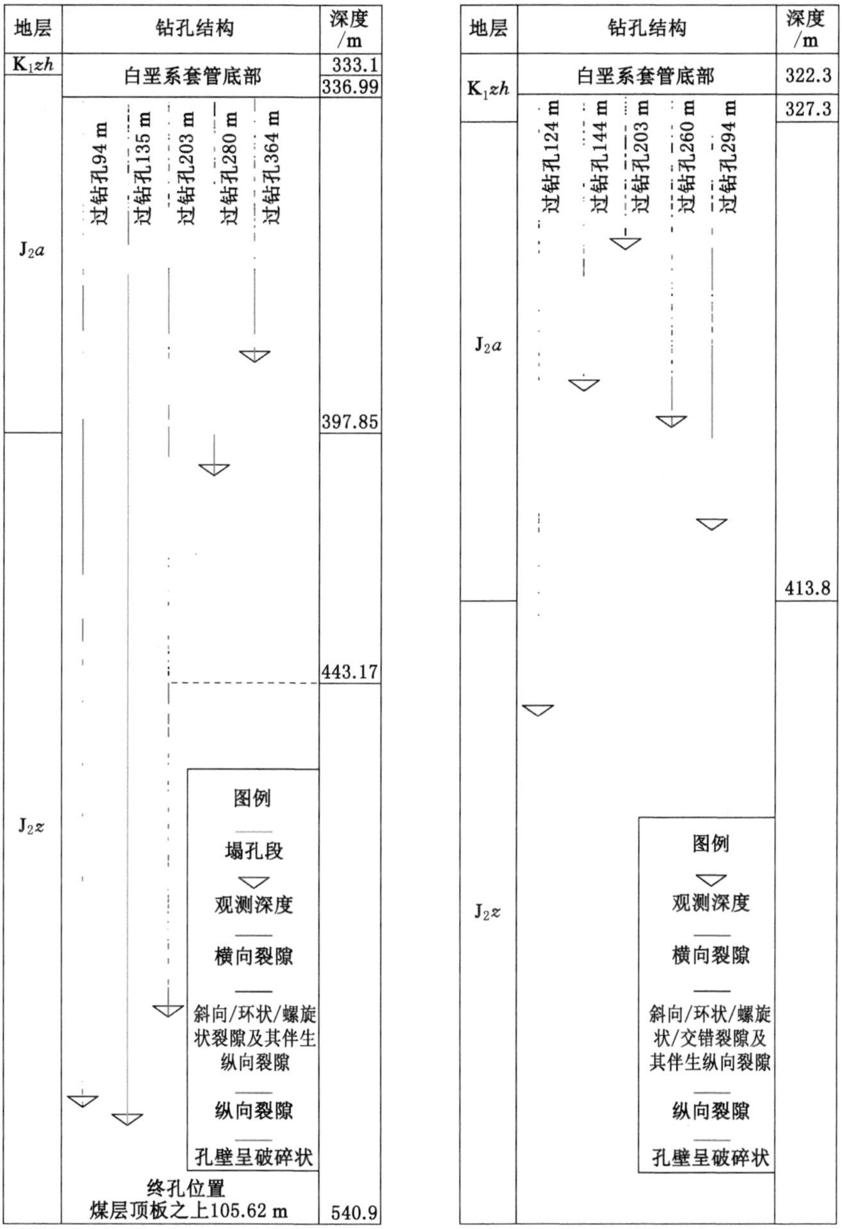

(a) 导流孔-1　　　　(b) 导流孔-3

图 5-18　导流孔-1、导流孔-3 钻孔成像观测到的不同深度裂隙类型及长度分布统计

界线位于深度443.17 m 处，在深度 443.17 m 之上的孔段，以横向/斜向/环状/螺旋状裂隙为主，这些裂隙易使孔壁形成细小、不规则的裂隙网，最终在水流冲蚀作用下易使孔壁呈破碎状；在深度 443.17 m 以下的孔段，以纵向的拉张裂隙为主，可形成贯通型导水通道。由于导流孔-3 所能观测的区域仅达到深度 434.6 m 处，且已观测的区域内裂隙以横向/斜向/环状/交错裂隙为主，所以深度 434.6 m 以上的区域应属于导水裂缝带之上的剪切破坏区域，即导流孔-3 内剪切裂缝与拉张裂缝的分界线位于深度434.6 m 之下的位置。据此计算

得导水裂缝带在导流孔-1、导流孔-3 处的高度分别为203.35 m、小于 214.64 m,裂采比分别为 22.18、小于 23.48。

导流孔-2 共进行过两次钻孔电视成像观测。第二次过钻孔距离更大(12 月 6 日,过钻孔 113.2 m),导流孔所在位置导水裂缝带发育更充分,所以针对 12 月 6 日的观测结果进行分析。根据第二次钻孔电视成像,钻孔埋深 393～450 m 间虽然也有纵向裂隙,但持续性差、连贯性不好,反而多次出现环状或斜向裂隙,深度 450.27 m 往下几乎都是纵向裂隙,可以判断导水裂缝带顶界在导流孔-2 处发育深度为 450.27 m,煤层埋深为 660 m,采厚为 9.16 m,计算得裂采比为 22.90。

(3) 导水裂缝带高度综合确定

统计前述研究成果可得 $221_{\text{上}}08$ 工作面实测裂采比为 23.28(表 5-12)。根据已有研究成果,虽然导水裂缝带发育高度随采厚的增加而增大,但增大的趋势会逐渐下降,即裂采比会随着采厚的增加而减小。由于石拉乌素煤矿北翼首采面最大采厚为 5.5 m,实测裂采比为 24.56,而 $221_{\text{上}}08$ 工作面平均采厚约为 10 m,所以理论上 $221_{\text{上}}08$ 工作面的裂采比应略小于 24.56。所以,本研究确定的 $221_{\text{上}}08$ 工作面的裂采比为 23.28 的结论是合适的。

表 5-12　导水裂缝带高度综合确定统计结果

判别依据	导流孔-1 封孔阶段 水位变化	导流孔-1 钻孔裂隙 分布	导流孔-2 钻孔裂隙 分布	导流孔-3 封孔阶段 水位变化	导流孔-3 钻孔裂隙 分布
导水裂缝带高度/m	>156.52	203.35	209.73	151.24～239.54	<214.64
煤厚/m	9.17	9.17	9.16	限高 7.0～9.14	9.14
实测裂采比	>17.07	22.18	22.90	21.61～26.21	<23.48
裂采比综合确定	21.61～26.21,平均 23.28				

6 $221_{上}08$ 工作面剩余段离层突水风险评价及涌水量预计

截至 2022 年 4 月 25 日，$221_{上}08$ 工作面已停采数月，其进尺为 2 540 m(过离层水导流孔-2 167.4 m)，剩余段长度约 715 m。由于 $221_{上}08$ 工作面上次开展离层水害评价及涌水量预计的时间为 2018 年，经过 4 年的矿井排水，覆岩内各含水层水位已区域性下降，为便于为该工作面后期剩余段开采水害防治工作提供参考，有必要结合当前水文地质条件对该工作面剩余段重新进行白垩系离层水害评价及涌水量预计。

6.1 $221_{上}08$ 工作面剩余段离层突水风险评价

据《石拉乌素煤矿高位顶板水研究阶段报告(2018 年)》中 $221_{上}08$ 工作面离层水害评价结果可知，2018 年，石拉乌素矿白垩系底部水压约为 3 MPa，据此评价出 $221_{上}08$ 工作面大部分属于过渡区、工作面北段属于危险区和严重危险区[图 6-1(a)]。但经受煤层开采影响，白垩系含水层水位在矿井不同位置已有不同程度下降，即原先用来评价离层水涌突危险性的白垩系底部水压值已有明显降低，因此有必要根据 $221_{上}08$ 工作面剩余开采段附近当前白垩系水压值，对工作面剩余未采段的离层水涌突风险进行重新评价，以期掌握剩余段离层突水风险、指导剩余段离层水害防治工作。

根据离 $221_{上}08$ 工作面停采线最近的 ZD7 孔 2022 年 4 月 17 日水位(1 154.880 m)、距当前工作面推进位置最近的 ZK3 孔(深孔)水位(1 155.400 m，4 月 17 日)：$221_{上}08$ 工作面当前白垩系底部水压为 1.39～1.43 MPa、平均水压约为 1.41 MPa，较采前预测评价时的 3 MPa水压已有较大降幅，据此利用改进突水系数法重新评估 $221_{上}08$ 工作面离层突水风险，可知，危险区范围已有所减小[图 6-1(b)]。另外，多次停采为覆岩裂隙的自愈、闭合提供了条件，目前，导水裂缝带内部裂隙存在闭合的可能(有待试验研究)，客观上增加了有效保护层厚度、进一步降低了离层突水风险。基于前期 $221_{上}08$ 工作面在过渡区内开采未发生过离层水涌突的实际情况，认为过渡区、安全区内开采均不会发生离层突水。因此，$221_{上}08$ 工作面剩余段开采，仅有工作面西北角较小范围存在离层突水风险。另外，由于危险区位于停采线位置，由于受停采端头的约束作用停采线正上方区域不存在大型采动导水裂缝，危险区内离层水不存在下泄至工作面的可能。

综上分析可知，根据白垩系当前水压相较原始水压已有较大降幅的实际情况，$221_{上}08$ 工作面剩余段离层突水评价结果为：工作面剩余段大部分区域属于过渡区、仅有西北角少部分区域属于危险区，根据前期开采实践经验及压力平衡拱理论，剩余段开采过程中发生离层突水的可能性较低。

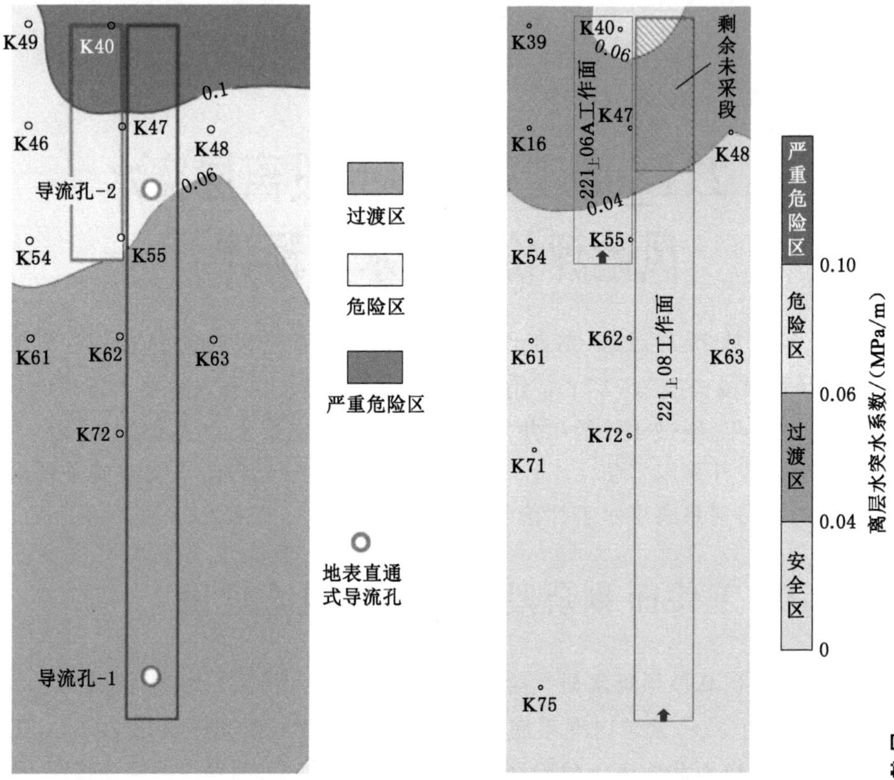

(a) 白垩系原始水压为3 MPa时突水系数　　(b) 白垩系当前水压为1.38 MPa时突水系数

图 6-1　石拉乌素矿 221$_{上}$08 工作面采前(2018 年)及当前(2022 年)白垩系离层突水风险变化

6.2　221$_{上}$08 工作面剩余段涌水量预计

6.2.1　方法一:实际涌水量外推法

自 221$_{上}$08 工作面进尺过 221$_{上}$06A 工作面开切眼所在位置(进尺约 2 100 m)后,剩余段增加涌水量主要为工作面右侧(运输巷)进水所致;根据 221$_{上}$08 工作面在进尺 2 100 m 后的正常涌水量增加趋势,即可对剩余段涌水量增加量进行预计。根据石拉乌素煤矿 2022 年 2 月 2 日(进尺 2 509 m)提交的涌水量记录可知,除去离层泄水所致的涌水量短期突增情况外,进尺 2 107.75~2 481.9 m 期间的涌水量变化情况符合正常涌水量增加趋势。根据进尺 2 107.75~2 481.9 m 期间正常涌水量由 659 m^3/h 增加至 741 m^3/h 的实际情况可知,221$_{上}$08 工作面进尺过 221$_{上}$06A 工作面开切眼所在位置后,开采进尺每增加 1 m,正常涌水量增加 0.22 m^3/h。221$_{上}$08 工作面进尺-涌水量曲线如图 6-2 所示。

根据 2022 年 2 月 2 日进尺 2 509 m、正常涌水量 741 m^3/h、距离停采线约 736 m、剩余段单位进尺新增正常涌水量 0.22 m^3/h 的情况,计算得 221$_{上}$08 工作面剩余段开采将新增正常涌水量约 162 m^3/h,剩余段回采结束后工作面正常涌水量将达 903 m^3/h。

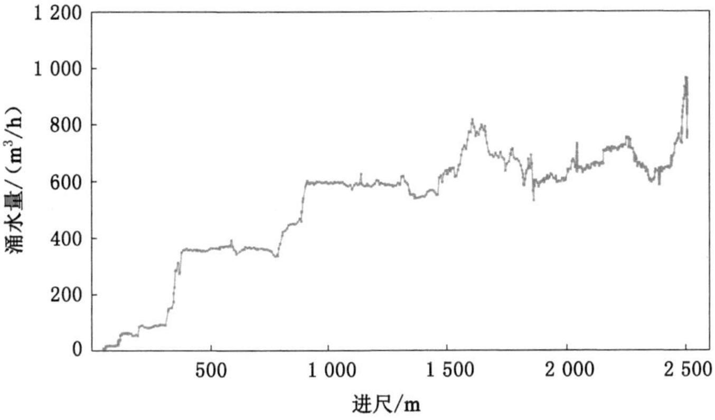

图 6-2　$221_{上}08$ 工作面进尺-涌水量曲线

6.2.2　方法二：类比法

根据 $221_{上}08$ 工作面过 $221_{上}06$A 工作面开切眼段至进尺 2 509 m 的平均正常涌水量（图 6-3）、面积、含水层水位降深、含水层厚度，用式（6-1）预计剩余段的涌水量。

$$Q = Q_0 \frac{M}{M_0}\sqrt{\frac{SF}{S_0 F_0}} \tag{6-1}$$

式中　Q_0——$221_{上}08$ 工作面过 $221_{上}06$A 工作面开切眼端已开采段实际涌水量，m^3/h；

S_0——$221_{上}08$ 工作面过 $221_{上}06$A 工作面开切眼端已开采段顶板砂岩实际水位降深，m；

F_0——$221_{上}08$ 工作面过 $221_{上}06$A 工作面开切眼端实际开采面积，m^2；

M_0——$221_{上}08$ 工作面过 $221_{上}06$A 工作面开切眼端已开采段导水裂缝带内含水层厚度，m；

Q——$221_{上}08$ 工作面剩余段预计涌水量，m^3/h；

S——$221_{上}08$ 工作面剩余段导水裂缝带内含水层实际水位降深，m；

F——$221_{上}08$ 工作面剩余段实际开采面积，m^2；

M——$221_{上}08$ 工作面剩余段导水裂缝带内含水层厚度，m。

$221_{上}08$ 工作面宽约 290 m，主要充水水源为顶板砂岩含水层。$221_{上}08$ 工作面过 $221_{上}06$A 工作面开切眼（进尺约 2 100 m）至进尺 2 509 m 区段开采面积 F_0＝118 610 m^2，根据附近 K55 钻孔柱状图可知该区段顶板砂岩含水层厚度 M_0＝53.4 m，根据附近（距实际回采段中心位置 1 435 m）顶板砂岩水位观测孔 ZL-7 水位监测数据可得该区段水位降深 S_0＝241.95 m；剩余开采段 2 509～3 245 m 区段开采面积 F＝213 440 m^2，根据附近 K47 钻孔柱状图可得该区段砂岩含水层厚度 M＝45.74 m，结合附近直罗组水位监测孔 ZL-2（距剩余段中心 857 m）目前监测水位得该区段预计水位降深 S＝292.25 m。根据图 6-3，得出 Q_0＝82 m^3/h。将参数值代入式（6-1）得 $221_{上}08$ 工作面剩余段正常涌水量，如表 6-1 所示。

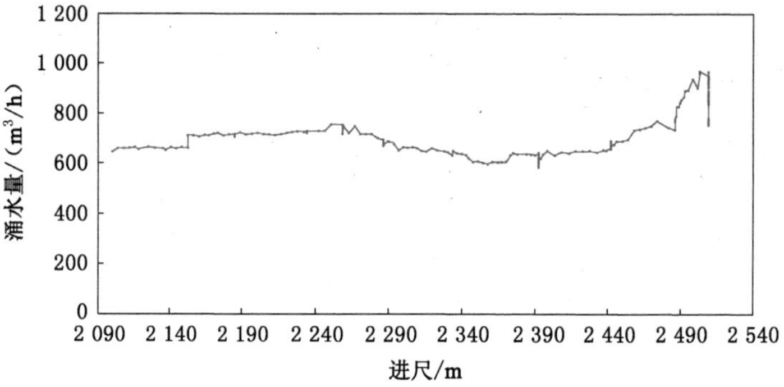

图 6-3　$221_{上}08$ 工作面进尺 2 100～2 509 m 时的涌水量

表 6-1　类比法计算参数及结果

工作面区段	面积/m^2	降深/m	含水层厚度/m	正常涌水量/(m^3/h)
进尺 2 100～2 509 m	118 610	241.95	53.4	82
剩余段 2 509～3 245 m	213 440	292.25	45.74	104

由表 6-1 可知,根据类比法计算得到的 $221_{上}08$ 工作面剩余段正常涌水量增加量为 104.0 m^3/h,加上工作面目前正常涌水量 741 m^3/h,因此剩余段回采结束时,工作面正常涌水量将达 844 m^3/h。

综合上述分析认为,$221_{上}08$ 工作面剩余段开采,发生类似 2021 年 12 月 21 日矿震诱发白垩系离层水动力涌突(最大涌水量达 963 m^3/h)的可能性低,剩余段开采工作面涌水为导水裂缝带内的顶板砂岩水,预计工作面剩余段开采正常涌水量增加 104～162 m^3/h,工作面总涌水量为 844～903 m^3/h。